サイエンス
ライブラリ 理工系の数学 ＝ 8

群論入門［新訂版］

国吉秀夫 著
高橋豊文 改訂

サイエンス社

編者のことば

　最近の科学技術の進歩とそこに用いられている数学の内容とを考えるとき，理工系の学生・エンジニアにとっては，過去の数学の諸成果を学び活用するばかりではなく，これから発展していく新しい数学の考え方を理解し，その進歩をとり入れてゆくことが不可欠のこととなってきている．

　このライブラリは，こうした要請に応じて，理工系の学生・エンジニアのための有用な，新しいテキスト・参考書を提供することを目的とし，

1)　数学の基礎的諸分野を，現代的視点に立って，平易かつ具体的に展開し，理解の徹底と応用力の涵養がはかれるよう配慮すること

2)　将来必要となることが予想される数学の新しい考え方や本質を紹介し，その発展の展望を与えること

の二点を編集の方針とした．

　また，学ぶべき分野の広さに対し講義時間に制約がある現状を考慮して，内容を厳選し，必須のことがらを重点的にまとめることに意を用い，多くの書目は半年程度の講義に適するように作成した．さらに，各巻相互の関連を密にし，適当に組み合わせて用いれば，長期の講義用，あるいはさらに進んだ分野への知識と展望を与える案内書として役立つよう配慮した．

　このような編者らの意図が読者の要求にかない，本ライブラリが広く普及し，理工系の教育に役立てば何よりの幸いである．

洲之内治男
寺田文行

新訂にあたって

　国吉秀夫先生の「群論入門」は，基礎事項を丁寧に解説された数少ない群論の入門書です．このたび，先生ご自身不満に思われていた部分について，残されたメモと時折の接触の際に伺っておりましたことをもとに改訂することになりました．

　主な変更は，アーベル群の基本定理の追加，シローの定理と交代群の単純性など有限群に関する事項の追加，および演習問題で扱っていた基礎的な概念を本文で解説したことです．その他，章題の変更と一部の章の配置換えを行いました．

　なお，以下の節は必要に応じて取捨選択が可能です．

　　　　4.3　有限アーベル群の指標群
　　　　4.5　有限生成アーベル群
　　　　5.2　p 群とシローの定理
　　　　6.2　巾零群
　　　　6.3　組成列

　改訂の結果，不完全な箇所や記述の不備が生じたことを恐れます．読者のご叱正をお願いする次第です．

　最後に，改訂をお奨め頂いた寺田文行先生，原稿に目を通されて有益な意見を頂いた高橋秀一先生と内田興二先生に感謝いたします．また，改訂にあたりサイエンス社の田島伸彦，鈴木まどか両氏には終始お世話になりました．厚く御礼を申し上げます．

　　2001 年 1 月

　　　　　　　　　　　　　　　　　　　　　　　　　　　高 橋 豊 文

まえがき

　この本では，群論初歩の教科書あるいは参考書として，次の段階の代数や応用方面の群の話に接続できるように，群論の基本事項の解説をしてみました．

　まず，はじめの3章で，群の定義から部分群，正規部分群，商群，準同形写像，同形写像などの基本概念について，定義と基礎的な性質をのべました．第5章で直積，第6章で正規鎖，組成列，可解群について説明いたしました．第4章は前の3つの章の諸概念の演習をかねた例題，5.3節は直積の項の例題として入れておきました．

　また，加群は数学や応用の諸分野でよく用いられる重要な項目なので，1，2，3，5の各章に，別に節をつくって説明いたしました．

　理解を助けるために，簡単な例をできるだけ多くとり入れ，各節の終りに，定義や定理の復習程度の問をおき，やや複雑なものは各章の終りにまとめておきました．ただ，加群の問題はすべて加群の節の終りにおきましたので，やや複雑なものも入っております．

　学生諸君の勉強の一助となれば幸いです．

　なお，この本の作成にあたり，寺田文行氏よりいろいろと有益な御意見をいただきました．心からお礼を申し上げます．また，渡辺和夫氏には校正その他の点で大そうお世話になりました．ここに，厚く感謝いたします．

　　1975年2月

　　　　　　　　　　　　　　　　　　　　　　　　　　　国 吉 秀 夫

目　　次

1　群とその例
- **1.1**　群の定義 1
- **1.2**　群の例 7
- **1.3**　加群 12
- 演習問題 13

2　部分群・剰余群
- **2.1**　部分群 15
- **2.2**　部分群による類別 20
- **2.3**　正規部分群と剰余群 25
- **2.4**　部分加群 29
- 演習問題 31

3　準同形・同形
- **3.1**　定義と基本性質 33
- **3.2**　準同形定理 37
- **3.3**　加群の準同形写像・$\mathrm{Hom}(A, B)$ 41
- 演習問題 46

4　直積・アーベル群
- **4.1**　定義と基本性質 47
- **4.2**　有限アーベル群 53
- **4.3**　有限アーベル群の指標群 58
- **4.4**　加群の直和 61
- **4.5**　有限生成アーベル群 64
- 演習問題 67

5 置換群
- **5.1** 置 換 群 69
- **5.2** p 群とシローの定理 72
- **5.3** 交代群の単純性 75
- 演習問題 77

6 可解群・ベキ零群
- **6.1** 可 解 群 79
  - **6.1.1** 正 規 鎖 79
  - **6.1.2** 可 解 群 81
- **6.2** ベキ零群 83
- **6.3** 組 成 列 87
- 演習問題 90

7 例 題
- **7.1** 有限回転群 91
- **7.2** 順列計算への応用 95

付録 1 写 像 99
2 同値関係と類別 102
3 環 と 体 105

将来の展望 108
問題略解 111
索 引 119

1 群とその例

近代の数学において，いろいろなところに演算をもった集合が現れる．これを代数系という．代数系のうちで，もっともよく使われる重要なものの1つが群である．

1.1 群の定義

実数の集合 $\mathbf{R}$ において，乗法という演算は2つの実数 a,b に対し，もう1つの実数 ab を対応させる対応と考えられる．これを一般化して，集合 S の上の演算が定義される．

集合 S において，元の組 (a,b) のおのおのに S の元を1つずつ対応させる対応を S 上の **2項演算** といい，(a,b) に対応する元を $a \circ b$ で表す．

> 注意1 $\quad (a,b)$ と (b,a) は異なるものと考える．

定義 1.1 集合 G が次の条件をみたすものとする．

(1) G 上の2項演算 $\circ$ が存在する．
$$a, b \in G \Rightarrow a \circ b \in G.$$

(2) **結合法則** $(a \circ b) \circ c = a \circ (b \circ c)$

が G の任意の元 a,b,c に対して成立する．

(3) **単位元** とよばれる元 e が G に存在して，

(U) $\quad\quad\quad G$ のすべての元 a に対して, $e \circ a = a \circ e = a.$

この条件 (U) をみたす G の元は e だけである．

(4) G の各元 a に対して，a の **逆元** とよばれる元 a^{-1} が G に存在して

(I) $\quad\quad\quad a^{-1} \circ a = a \circ a^{-1} = e.$

a に対し，条件 (I) をみたす G の元は a^{-1} だけである．

このとき，G が演算 $\circ$ により (乗法) **群** をなす．または，簡単に，G が群であるという．$a \circ b$ を a,b の **積** という．

注意 2　可換法則　$a \circ b = b \circ a$ は G のすべての元 a, b に対して成立するとはかぎらない (例 3).

$a \circ b = b \circ a$ が G のすべての元 a, b に対して成り立つとき，G を**アーベル (Abel) 群**または**可換群**という．

注意 3[*]　$a \circ b$ は演算の記号 $\circ$ を省略して ab と書くことが多い．

注意 4　群の単位元を e の代わりに 1 で表すこともある．

群の例はいろいろあるが，説明の長いものは次の節にまわして，ここでは簡単な例を上げる．

例 1　$G = \boldsymbol{R}^*$ (0 以外の実数全体の集合) において，$a \circ b$ を通常の積 ab とする．これは $\boldsymbol{R}^*$ 上の 2 項目演算で結合法則が成り立つ．単位元 e は 1, a の逆元 a^{-1} は通常の逆数 $1/a$. よって $\boldsymbol{R}^*$ は群である．可換法則も成り立つからアーベル群である．

例 2　$G = \boldsymbol{R}$ (実数全体の集合) において，$a \circ b$ として和 $a + b$ を考える．これは $\boldsymbol{R}$ 上の 2 項演算で，結合法則が成り立つ．単位元は 0, a の逆元 a^{-1} にあたるのは，$-a$. この場合も可換法則が成り立ち，$\boldsymbol{R}$ はアーベル群である (1.3 節).

例 3　実数を係数とする 2 次の正方行列で行列式が 0 でないもの全体の集合を G とする．すなわち，

$$G = \left\{ a \;\middle|\; a = \begin{bmatrix} p & q \\ r & s \end{bmatrix}, \quad \det(a) = ps - qr \neq 0, \quad p, q, r, s : \text{実数} \right\}.$$

G の元 $a = \begin{bmatrix} p & q \\ r & s \end{bmatrix}, b = \begin{bmatrix} u & v \\ w & x \end{bmatrix}$ に対し，$a \circ b$ を通常の行列の積

$$a \circ b = \begin{bmatrix} p & q \\ r & s \end{bmatrix} \begin{bmatrix} u & v \\ w & x \end{bmatrix} = \begin{bmatrix} pu + qw & pv + qx \\ ru + sw & rv + sx \end{bmatrix} \tag{1}$$

と定義すれば，$\circ$ は G 上の 2 項演算である．何となれば：　まず $\det(a)$ について，

$$\det(a \circ b) = \det(a) \det(b). \tag{2}$$

(これは行列式の性質であるが，直接計算してもすぐ出る) $a, b \in G$ ならば $\det(a) \neq 0$, $\det(b) \neq 0$. (2) より，$\det(a \circ b) = \det(a) \det(b) \neq 0$, $a \circ b \in G$. したがって，$\circ$ は G 上の 2 項演算である．

---

[*]　可換群において，演算を + で表すこともある (1.3 節). これを加群というが，群の定理や性質は，普通，乗法群についてのべる．

1.1 群の定義

結合法則が成り立つ. $c = \begin{bmatrix} k & l \\ m & n \end{bmatrix}$ として積の定義 (1) により計算すれば, $a \circ (b \circ c) = (a \circ b) \circ c$ が直接確かめられる.

単位元は単位行列 $e = \begin{bmatrix} 1 & 0 \\ 0 & 1 \end{bmatrix}$. $a = \begin{bmatrix} p & q \\ r & s \end{bmatrix}$ の逆元は逆行列

$$a^{-1} = \frac{1}{D}\begin{bmatrix} s & -q \\ -r & p \end{bmatrix} = \begin{bmatrix} s/D & -q/D \\ -r/D & p/D \end{bmatrix}, \quad D = \det(a)$$

である. $\det(e) = 1$, $\det(a^{-1}) = 1/\det(a)$ より, $e \in G$, $a^{-1} \in G$.

これらが群の定義 1.1 の (3), (4) をみたすことは, 積の定義 (1) を用いて, 計算により直接確かめられる.

よって G は群である. これを $\mathbf{R}$ 上の 2 次の**一般線形群**といい, $GL(2, \mathbf{R})$ で表す. 可換法則は成立しないのでアーベル群ではない. たとえば,

$$\begin{bmatrix} 1 & 0 \\ 0 & -1 \end{bmatrix}\begin{bmatrix} 1 & 1 \\ 0 & 1 \end{bmatrix} = \begin{bmatrix} 1 & 1 \\ 0 & -1 \end{bmatrix}, \quad \begin{bmatrix} 1 & 1 \\ 0 & 1 \end{bmatrix}\begin{bmatrix} 1 & 0 \\ 0 & -1 \end{bmatrix} = \begin{bmatrix} 1 & -1 \\ 0 & -1 \end{bmatrix}.$$

演算をもった集合が群であることを確かめるのに, 定義 1.1 の条件は一部で十分である.

定理 1.1 集合 G は次の 4 条件をみたすとき群である.
(1) G 上の 2 項演算が存在する.
(2) 結合法則が成り立つ.
(3′) **左単位元**とよばれる G の元 e が存在し, すべての $a \in G$ に対して
$$ea = a.$$
(4′) G の各元 a に対し, a の**左逆元**とよばれる G の元 a' が存在し,
$$a'a = e.$$

証明 群の定理 1.1 の (1), (2) はこの定理の条件 (1), (2) そのままである.

a を G の任意の元とし, $a'a = e$ の両辺に右から a' をかけると
$$(a'a)a' = ea' = a'.$$
この式の両辺に左から a' の左逆元 a'' をかけると,
$$\text{左辺} = a''((a'a)a') = (a''(a'a))a' = ((a''a')a)a' = (ea)a' = aa'.$$

この変形には，結合法則と $a''a' = e, ea = a$ を用いた．
$$右辺 = a''a' = e.$$
よって $aa' = e$．すなわち，a' は a の逆元である．

$aa' = e$ の両辺に，右から a をかけると，
$$左辺 = (aa')a = a(a'a) = ae,$$
$$右辺 = ea = a.$$
よって，$ae = a$．a は G の任意の元であったから，e は単位元である．

さらに，G の元 x が，$xa = a$ をみたしたとすると，この式の両辺に右から a' をかけて，
$$左辺 = (xa)a' = x(aa') = xe = x,$$
$$右辺 = aa' = e.$$
よって，$x = e$．すなわち，(左) 単位元は e だけである．

また，G の元 y が，$ya = e$ をみたしたとすると，この式の両辺に右から a' をかけて，
$$左辺 = (ya)a' = y(aa') = ye = y,$$
$$右辺 = ea' = a'.$$
よって $y = a'$．すなわち，a の (左) 逆元は a' だけである．

以上，定義 1.1 の 4 条件が成立し，G は群となる．■

注意 5 この証明では，いちいち括弧を入れて，2 項演算の形をはっきりさせたが，結合法則の成り立つ 2 項演算においては 3 個以上の元の積は括弧がどのように入っていても結果は同じである．たとえば
$$a_1(a_2(a_3a_4)) = a_1((a_2a_3)a_4) = (a_1(a_2a_3))a_4 = ((a_1a_2)a_3)a_4$$
$$= (a_1a_2)(a_3a_4)$$
そこで今後は括弧を省略して $a_1a_2a_3a_4$ の形で書くことにする．

また，群 G の元 a と正整数 n に対し，
$$a^n = a\cdots a \ (n\ 個の積), \quad a^0 = e, \quad a^{-n} = a^{-1}\cdots a^{-1} \ (n\ 個の積)$$
と書くことにすれば，指数法則が成り立つ．k, l, m を整数とすると，
$$a^k a^l = a^{k+l}, \quad a^k(a^l)^{-1} = a^{k-l}, \quad (a^k)^m = a^{km}.$$

1.1 群の定義

例題 1

群 G において，次のことを証明せよ．
(i) $x^2 = x \iff x = e$
(ii) $ab = ba \iff aba^{-1}b^{-1} = e$
(iii) G の任意の元 a, b に対し，$ax = b$ をみたす元 x がただ 1 つ存在し，$ya = b$ をみたす y もただ 1 つ存在する．

証明 (i) $x^2 = x$ ならば，両辺に左から x^{-1} をかけて，

$$左辺 = x^{-1}x^2 = x^{-1}xx = ex = x, \quad 右辺 = x^{-1}x = e.$$

よって，$x = e$.

また，単位元の性質により $ee = e$. よって，$x = e$ は $x^2 = x$ をみたす．

(ii) $ab = ba$ ならば，両辺に右より $a^{-1}b^{-1}$ をかけて，

$$左辺 = aba^{-1}b^{-1}, \quad 右辺 = baa^{-1}b^{-1} = beb^{-1} = bb^{-1} = e.$$

よって，$aba^{-1}b^{-1} = e$.

逆は $aba^{-1}b^{-1} = e$ の両辺に右より ba をかけて計算が上の逆になり $ab = ba$ がでる．

(iii) $ax = b$ が成り立てば，両辺に左から a^{-1} をかけて

$$左辺 = a^{-1}ax = ex = x, \quad 右辺 = a^{-1}b.$$

よって，これをみたすのは $x = a^{-1}b$ にかぎる．逆に，$x = a^{-1}b$ がこの式の解であることは，代入すれば明らか．

$ya = b$ の解も同様．$y = ba^{-1}$.

例題 2

集合 G は次の条件をみたすとき群である．
(i) G 上の 2 項演算が存在する．
(ii) 結合法則が成立する．
(iii) G の任意の元 a, b に対し，$ax = b, ya = b$ をみたす G の元 x, y が存在する．

証明 定理 1.1 の 4 条件をみたすことを示す．(1), (2) はこの例題の条件 (i), (ii) がそのまま通用する．

G を元を 1 つとり，それを c とする．(iii) より $yc = c$ をみたす G の元が存在する．

それを e とおく. $ec = c$.

G の任意の元 a に対し, (iii) より, $cx = a$ をみたす G の元 x が存在する. この x を $ec = c$ の両辺に右からかければ

$$\text{左辺} = ecx = ea, \qquad \text{右辺} = cx = a.$$

よって, $ea = a$. すなわち, e は左単位元である.

また, (iii) より, $ya = e$ をみたす G の元 (a の左逆元) が存在する.

群 G の元数 $|G|$ が有限のとき*, **有限群**といい, 元数 $|G|$ を G の**位数**という. G の元数が無限のとき, **無限群**という.

問1 次の代数系は群であるか.
(i)　　$G = \boldsymbol{R}$, 　　　$a \circ b = a - b$
(ii)　 $G = \boldsymbol{R}^*$, 　　$a \circ b = |a|b$
(iii)　$G = \boldsymbol{R}^*$, 　　$a \circ b = a^3 b$
(iv)　$G = \{(p,q) \mid p, q \in \boldsymbol{Q},\ p^2 - 2q^2 \neq 0\}$, 　　($\boldsymbol{Q}$は有理数全体の集合)
　　　　$(p,q) \circ (r,s) = (pr + 2qs, ps + qr)$

問2 群 G において, 次の式を証明せよ.
$(a^{-1})^{-1} = a$
$(ab)^{-1} = b^{-1}a^{-1}$
$(a_1 a_2 \cdots a_n)^{-1} = a_n^{-1} \cdots a_2^{-1} a_1^{-1}$

問3 群 G において, 次のような G から G への写像が考えられる.

$$\varphi : \quad x \longmapsto x^{-1}$$

a を G の元とするとき,

$$\tau_a : \quad x \longmapsto ax$$

同じく,

$$\sigma_a : \quad x \longmapsto axa^{-1}$$

これらの $\varphi, \tau_a, \sigma_a$ が全単射であることを証明せよ**.

問4 次のものの例を上げよ.
(i)　結合法則をみたす 2 項演算をもつが, 単位元の存在しないもの.
(ii)　結合法則をみたす 2 項演算をもち, 単位元も存在するが, 逆元の存在しないもの.

---

　*　集合 A の元数を $|A|$ で表す.
　**　写像については付録 1 参照.

1.2 群 の 例

1 空でない集合 T において，T から T への全単射を T 上の**置換**という*.
T 上の置換 σ, τ の積 $\sigma \circ \tau$ を，はじめに τ，次に σ を続けたものと定義する．

定義 1.2
$$\sigma \circ \tau : T \longrightarrow T \longrightarrow T$$
$$t \longmapsto \tau(t) \longmapsto \sigma(\tau(t))$$

全単射を続けたものであるから，$\sigma \circ \tau$ も T から T への全単射 (すなわち T 上の置換) である．T 上の置換の集合 G がこの演算 $\circ$ により群をなすとき，G を T 上の**置換群**という**．その1例として：

定理 1.2 T 上の置換全体の集合 $S(T)$ は上の演算 $\circ$ により群をなす．

証明 定理 1.1 の 4 条件をみたすことを示す．
(1) 演算 $\circ$ は $S(T)$ 上の 2 項演算である．
(2) $\sigma, \tau, \rho \in S(T)$ とすれば，定義 1.2 より，任意の $t \in T$ に対し，
$$(\sigma \circ (\tau \circ \rho))(t) = \sigma((\tau \circ \rho)(t)) = \sigma(\tau(\rho(t)))$$
$$((\sigma \circ \tau) \circ \rho)(t) = (\sigma \circ \tau)(\rho(t)) = \sigma(\tau(\rho(t))).$$
よって，T から T への写像として
$$\sigma \circ (\tau \circ \rho) = (\sigma \circ \tau) \circ \rho$$
(3′) T から T への恒等写像を I とする．
$$I : T \longrightarrow T, \quad t \longmapsto t.$$
これは全単射であるから，$I \in S(T)$．σ を $S(T)$ の任意の元とするとき，T の任意の元 t に対して $(I \circ \sigma)(t) = I(\sigma(t)) = \sigma(t)$．よって，
$$I \circ \sigma = \sigma.$$

---
* 写像については付録 1 参照．
** T が無限集合のとき，置換，置換群の代わりに**変換**，**変換群**ということもある．

(4′)　σ を $S(T)$ の任意の元とする．σ は T から T への全単射であるから，逆写像 σ^{-1} が考えられる．
$$\sigma^{-1}: \ T \longrightarrow T, \qquad \sigma(t) \longmapsto t.$$
σ^{-1} も T から T への全単射であるから，$\sigma^{-1} \in S(T)$．T の任意の元 t に対して，$(\sigma^{-1} \circ \sigma)(t) = \sigma^{-1}(\sigma(t)) = t = I(t)$．よって
$$\sigma^{-1} \circ \sigma = I. \ \blacksquare$$

$S(T)$ の演算の記号 $\circ$ は今後省略する．

T が元数 n の有限集合のとき，$S(T)$ を n 次の**対称群**といい，S_n と記す．S_n は位数 $n!$ の有限群である．このとき，T 上の置換 σ を，T の元 t_i とその像 $\sigma(t_i)$ を並べて

$$\sigma = \begin{pmatrix} t_1 & t_2 & \ldots & t_n \\ \sigma(t_1) & \sigma(t_2) & \ldots & \sigma(t_n) \end{pmatrix}$$

と表す．動かない T の元は省略することが多い．また，普通，T の元を 1 から n までの数字で表す．たとえば，

$$\rho = \begin{pmatrix} 1\ 9\ 7\ 4 \\ 9\ 7\ 4\ 1 \end{pmatrix}, \qquad \tau = \begin{pmatrix} 1\ 6 \\ 6\ 1 \end{pmatrix}.$$

この ρ は数字が順に置きかわるので**巡回置換**といい，置き換えの順を示して $(1\ 9\ 7\ 4), (9\ 7\ 4\ 1)$ などと略記する．τ は 2 個の元の入れかえで，**互換**といい，$(1\ 6)$ で表す．そのとき次の定理が成り立つ．

定理 1.3　(i)　任意の置換は互いに共通文字をもたない巡回置換の積に順序を除いてただ 1 通りに分解される．
(ii)　任意の巡回置換は互換の積で表すことができる．
$$(i_1\ i_2\ \ldots\ i_k) = (i_1\ i_k)(i_1\ i_{k-1}) \cdots (i_1\ i_2)$$
$$= (i_1\ i_2)(i_2\ i_3) \cdots (i_{k-1}\ i_k)$$
(iii)　任意の置換は互換の積で表すことができる．

注意 1　定理 1.3(i) の証明は 5.1 節 例題 1 を参照．

例1 $\begin{pmatrix} 1\,2\,3\,4\,5\,6\,7\,8\,9 \\ 9\,6\,8\,1\,2\,5\,4\,3\,7 \end{pmatrix} = (1\,9\,7\,4)(2\,6\,5)(3\,8).$

$(1\,9\,7\,4) = (1\,9)(9\,7)(7\,4), \qquad (2\,6\,5) = (2\,6)(6\,5).$

1つの置換 σ の互換の積への分解は1通りではない．しかし，定理 1.4 に示すように，σ が偶数個の互換の積に分解されれば，他のどんな分解でも偶数個の互換の積に分解される．また，奇数個の互換の積に分解される置換は，他のどんな分解でも奇数個の互換の積となる．

n 変数の多項式 $f(x_1, x_2, \ldots, x_n)$ の変数を置換して，
$$(\sigma f)(x_1, x_2, \ldots, x_n) = f(x_{\sigma(1)}, x_{\sigma(2)}, \ldots, x_{\sigma(n)})$$
をつくる．差積

$$\begin{aligned}
\Delta = \prod_{1 \leqq i < j \leqq n} (x_i - x_j) &= (x_1 - x_2)(x_1 - x_3) \cdots (x_1 - x_n) \\
&\quad \times (x_2 - x_3) \cdots (x_2 - x_n) \\
&\quad \ddots \qquad \vdots \\
&\quad \times (x_{n-1} - x_n)
\end{aligned}$$

に対しては変数に置換を施しても高々符号が変わるだけである．

定義 1.3 $\sigma \in S_n$ に対して，
$$\sigma \Delta = (\operatorname{sgn} \sigma) \Delta \quad (\operatorname{sgn} \sigma = \pm 1)$$
となる $\operatorname{sgn} \sigma$ を σ の**符号**という．符号 $+1$ の置換を**偶置換**，符号 -1 の置換を**奇置換**という．

符号の性質

(i) $\operatorname{sgn}(\sigma \tau) = (\operatorname{sgn} \sigma)(\operatorname{sgn} \tau).$

(ii) $\sigma : 互換 \Longrightarrow \operatorname{sgn} \sigma = -1.$

(iii) $\operatorname{sgn} I = 1, \qquad \operatorname{sgn}(\sigma^{-1}) = \operatorname{sgn} \sigma.$

定理 1.4 置換 σ について次は同値である．
(1) 偶置換（奇置換）である．
(2) 偶数（奇数）個の互換の積で表される．

注意 2　定理 1.3 (ii) より，長さが奇数の巡回置換は偶置換，長さが偶数の巡回置換は奇置換である．

2　正 4 面体 ABCD の中心を O とする．O のまわりの回転で，この正 4 面体をそれ自身に移すもの全体の集合を G とする．正 4 面体の相対する 3 組の辺の中点を図 1.1 のように L, L'; M, M'; N, N' とするとき，G の元は次の通り：

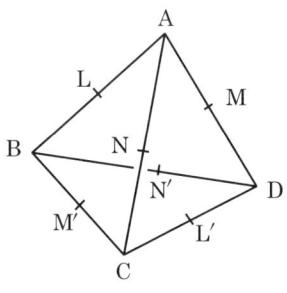

図 1.1

σ_A：　OA を軸とする 120° の回転，頂点の移り方で示せば
$$\sigma_A = \begin{pmatrix} B & C & D \\ C & D & B \end{pmatrix} = (B\ C\ D),$$

σ'_A：　OA を軸とする 240° の回転，　$\sigma'_A = (B\ D\ C)$,

$\sigma_B = (A\ D\ C)$,　　$\sigma'_B = (A\ C\ D)$,

$\sigma_C = (A\ B\ D)$,　　$\sigma'_C = (A\ D\ B)$,

$\sigma_D = (A\ C\ B)$,　　$\sigma'_D = (A\ B\ C)$,

τ_L：　LL' を軸とする 180° の回転，　$\tau_L = (A\ B)(C\ D)$.

$\tau_M = (A\ D)(B\ C)$,　　$\tau_N = (A\ C)(B\ D)$,

$I =$ 恒等的な回転 (恒等写像).

例題 1

G の元の積を，定義 1.2 と同じく，回転を続けて行うことにより定義すれば，G は I を単位元とする群である．これを**正 4 面体群**という．

証明　(1)　$\sigma, \tau \in G$ とする．σ, τ は O のまわりの回転で，それを続けた $\sigma\tau$ も O のまわりの回転である．τ が正 4 面体をそれ自身に移し，σ が (τ で移した) 正 4 面体をそれ自身に移すから，$\sigma\tau$ は正 4 面体をそれ自身に移す回転である．よって，$\sigma\tau \in G$.

これにより G 上の 2 項演算が定義される.

(2) 結合法則の成立は $S(T)$ のときと同様.

($3'$) (左) 単位元は I

($4'$) $\sigma \in G$ に対し, 逆の回転 σ^{-1} を考えれば, σ が正 4 面体をそれ自身に移すから, σ^{-1} も (σ で移した) 正 4 面体を (もとの) 正 4 面体自身に移す回転である. よって, $\sigma^{-1} \in G$. したがって, σ の (左) 逆元が G の元として存在.

たとえば, 上の記号で :

$$\sigma_A^2 = \sigma_A', \qquad \sigma_A^3 = \sigma_A'\sigma_A = \sigma_A \sigma_A' = I.$$
$$\sigma_A \sigma_B (\text{B C D})(\text{A D C}) = (\text{A B C}) = \sigma_D'.$$

これらの積を示すのに, 次のような表を用いることがある. これを群の**乗積表**という.

	σ_A	σ_A'	σ_B	$\cdots$
σ_A	σ_A'	I	σ_D'	$\cdots$
σ_A'	I	σ_A	$\cdot$	$\cdots$
$\vdots$	$\vdots$	$\vdots$	$\vdots$	

正 4 面体群のときと同様に, 正 8 面体, 正 20 面体についても, 中心のまわりの回転で正多面体をそれ自身に移すもの全体が群をなす. それぞれ, **正 8 面体群**, **正 20 面体群**という*.

正 6 面体 (立方体), 正 12 面体についても, 同様の回転群が考えられるが, そ

 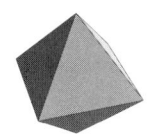 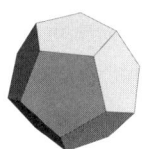 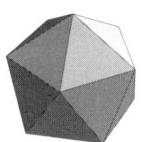

正6面体　　　　正8面体　　　　正12面体　　　　正20面体

図 **1.2**

---

* この 3 つと 2 面体群と有限巡回群をあわせて**多面体群**という (7.1 節参照).

れぞれ，正 8 面体群，正 20 面体群と同じである．正 6 面体，正 12 面体の各面の中心が内接する正 8 面体，正 20 面体の頂点となるからである．

問 1 $S_n, n \geq 3$, は可換群ではない，$\sigma\tau \neq \tau\sigma$ の例を上げよ．

問 2 正 4 面体群において，次の積を計算せよ．
$$\sigma_B\sigma_A, \qquad \tau_L^2, \qquad \tau_L\sigma_A, \qquad \tau_L\tau_M, \qquad \tau_M\tau_L$$

問 3 正 4 面体と同様にして，正 6 面体 (立方体) をそれ自身に移す回転を求めよ．

1.3 加 群

可換群において，演算を加法＋で表すことも多い．これを **加群** という．加群においては，演算の記号＋にあわせて，用語と記号が多少変わる．加群について，定義 1.1 は

　　　可換法則も成立し，　e の代わりに 0,　　　a^{-1} の代わりに $-a$

と変えた形になる．

定義 1.1a 集合 A が次の条件をみたすとき，A を **加群** という．

(1) A 上の 2 項演算＋が存在する．
$$a, b \in A \Longrightarrow a + b \in A.$$

(2) 結合法則が成立：A の任意の元 a, b, c に対して
$$(a + b) + c = a + (b + c).$$

(2a) 可換法則が成立：A の任意の元 a, b に対して
$$a + b = b + a.$$

(3) **零元** とよばれる A の元 0 が存在して，

(U) 　　　A のすべての元 a に対して，$0 + a = a = a + 0$.

　この条件 (U) をみたす A の元は 0 だけである．

(4) A の各元 a に対して，a の (加法の) 逆元とよばれる A の元 $-a$ が存在して

(I) 　　　　　　　$(-a) + a = 0 = a + (-a)$.

　a に対し，条件 (I) をみたす A の元は $-a$ だけである．

> **定理 1.1a** 集合 A は次の条件をみたせば加群である．
> (1)　A 上の 2 項演算 + が存在する．
> (2)　結合法則が成立する．
> (2a)　可換法則が成立する．
> (3)　零元 0 が存在する．
> (4)　A の各元 a に対し，加法の逆元 $-a$ が存在する．

$a+b$ を a と b の和という．$a+(-b)$ を $a-b$ と記す．

演算の記号 + にそろえて，A の元 a と整数 m に対し，累乗の代わりに，ma を用いる．それは，整数 n に対し，
$$na = a + \cdots + a \quad (n \text{ 個の和}), \qquad 0a = 0,$$
$$(-n)a = (-a) + \cdots + (-a) \quad (n \text{ 個の和})$$
と定義したもの．そのとき，指数法則は
$$ka + la = (k+l)a, \qquad ka - la = (k-l)a, \qquad k(ma) = kma$$
となる．ここで，k, l, m は整数とする．

例 1　1.1 節 例 1 の実数全体の集合 $\boldsymbol{R}$ の加法を演算とする群は加群の 1 つ．

例 2　$A = \boldsymbol{Z}$(整数全体の集合) は通常の加法により加群となる．

例 3　$A = \left\{ \begin{bmatrix} p & q \\ r & s \end{bmatrix} \middle| p, q, r, s : \text{実数} \right\}$ は通常の行列の加法
$$\begin{bmatrix} p & q \\ r & s \end{bmatrix} + \begin{bmatrix} u & v \\ w & x \end{bmatrix} = \begin{bmatrix} p+u & q+v \\ r+w & s+x \end{bmatrix}$$
により加群となる．

問 1　例 2, 3 において加群であることを確かめよ．

演習問題

1　複素数全体の集合を $\boldsymbol{C}$ とする．$\alpha, \beta \in \boldsymbol{C}$ に対し，写像
$$\varphi_{\alpha,\beta} : \boldsymbol{C} \longrightarrow \boldsymbol{C}, \qquad z \longmapsto \alpha z + \beta$$
を考える．そのとき，$G = \{\varphi_{\alpha,\beta} \mid \alpha \neq 0,\ \alpha, \beta \in \boldsymbol{C}\}$ は $\boldsymbol{C}$ 上の置換群であることを示せ．

2　空間 E^3 上の置換 (変換) が任意の 2 点間の距離を変えないとき，それを合同変換という．合同変換全体が群をなすことを示せ．これを**合同変換群**という．

3　有限集合 G において，2 項演算が存在し，結合法則が成り立ち，**簡約法則**

$$ab = ac \Longrightarrow b = c, \qquad ba = ca \Longrightarrow b = c$$

がみたされるとき，G が群であることを証明せよ．

また，G が無限集合のときはどうか．

4　集合 S において，2 項演算が存在し，結合法則が成り立ち，左単位元が存在し，任意の元に対して右逆元が存在するとき，S は群であるか．

5　(i)　集合 G において，2 項演算・が定義され，単位元と各元の逆元が存在し，任意の $a, b, c \in G$ に対し $(a \cdot b) \cdot (b^{-1} \cdot c) = a \cdot c$ が成り立つとする．このとき，G はこの演算・により群をなることを証明せよ．

(ii)　集合 G において，2 項演算 $\circ$ が定義され，左単位元 e が存在し，任意の $a, b, c \in G$ に対し $a \circ a = e, (b \circ a) \circ (b \circ c) = a \circ c$ が成り立つとする．このとき，演算 $\circ$ を修正した新演算・により G が群となり，$a \circ b = a^{-1} \cdot b$ となるようにできることを示せ．

2 部分群・剰余群

　前の章で群の定義とそれから導かれる簡単な性質をのべた．次に問題になるのは群の部分集合で群になるもの (部分群) とその性質である．
　また，さらに条件のついた部分群として正規部分群がある．群とその正規部分群があれば，それから第 3 の群 (剰余群) がつくられる．この剰余群は次の章の準同形写像にも関連が深い．

2.1 部　分　群

> **定義 2.1**　H を群 G の部分集合とする．H が G の演算により群をなすとき，H が G の**部分群**であるという．

　群 G の部分集合 H において，G の演算を H の元 a, b に作用させれば G の元 $a \circ b$ が定まる．$a \circ b$ は H に属することもあり，属さないこともある．もし，H の任意の元 a, b に対し $a \circ b$ がつねに H に属するならば，それは H 上の 2 項演算になる．この演算により H が群をなすとき，H を G の部分群という．これを簡略にのべたのが上の定義である．

　例 1　群 G において，G は部分群の 1 つである．また，単位元 e のみの集合 $\{e\}$ も部分群である．$G, \{e\}$ 以外の G の部分群を G の**真部分群**という．

　群 G において，部分集合 H が与えられたとき，それが部分群であるかどうかをしらべるのに，群の定義 1.1 や定理 1.1 の条件よりも，次の条件の方が便利である．

> **定理 2.1**　群 G の空でない部分集合を H とする．H が G の部分群であるための必要十分条件は次の 2 つが成り立つことである．
> (1)　　　　　　　　　$a, b \in H \implies ab \in H$
> (2)　　　　　　　　　$a \in H \implies a^{-1} \in H$

証明 (i) H を G の部分群とする．定義 2.1 に続く説明でのべたように，G の演算が H 上の演算を導く．すなわち，H の任意の元 a,b に対し，ab が H の元である．

H の単位元は G の単位元 e である．何となれば，H の単位元を e_H とすると，$e_H^2 = e_H$．群 G において，$x^2 = x$ をみたす元 e は単位元 e だけである．よって，$e_H = e$．

H の元 a に対し，a を群 H の元とみての逆元 a_H^{-1} が H 内に存在する．また，a を群 G の元とみての逆元 a^{-1} も考えられる．そのとき，$a_H^{-1} = a^{-1}$ である．何となれば，$a_H^{-1} a = a a_H^{-1} = e_H = e$．群 G において，元 a の逆元はただ 1 つであるから，$a_H^{-1} = a^{-1}$．

よって，H の任意の元 a に対し，$a^{-1} = a_H^{-1} \in H$．

(ii) 逆に，G の空でない部分集合 H において，定理 2.1 の (1), (2) が成り立つとし，定理 1.1 の 4 条件をみたすことを示そう．

(1) H 上の 2 項演算の存在： (1) より G の演算が H の 2 項演算を導く．

(2) 結合法則の成立： G の任意の元 a,b,c に対して，

$$(ab)c = a(bc)$$

である．とくに，a,b,c を H の元としてもこの式は成り立つ．

(3′) (左) 単位元の存在： H の元を 1 つとり，a とする．(2) より，$a^{-1} \in H$．(1) より，$a^{-1}a = e \in H$．そして，H の任意の元 b に対し，$eb = b$．

(4′) (左) 逆元の存在： H の元 a に対し，$a^{-1} \in H$, かつ $a^{-1}a = e$． ∎

注意 1 証明より，G の部分群 H について次が成り立つ．

H の単位元は G の単位元である．

H の元の (H における) 逆元は G の元としての逆元である．

例 2 C^* (0 以外の複素数全体のなす乗法群) において，

$$T = \{z \mid z \in C^*, \quad |z| = 1\}$$

$$R^* = \{a \in C^*, \quad a : \text{実数}\}$$

はいずれも C^* の部分群である．

2.1 部 分 群

例題 1

G を正多面体の回転群 (1.2 節 2), その正多面体の 1 つの面を F とする. G の元で, F を F に移すもの全体を H_F とすれば, H_F は G の部分群である.

たとえば, 正 4 面体 ABCD において, $F = \triangle \text{BCD}$ とする. そのとき, この正 4 面体の回転で, F を F に移すものは (1.2 節 2 の記号で)

$$I, \quad \sigma_A, \quad \sigma'_A.$$

$H_F = \{I, \sigma_A, \sigma'_A\}$ は正 4 面体群 G の部分群である.

証明 $\quad H = H_F = \{\sigma \mid \sigma \in G, \ \sigma(F) = F\}$
とおき, H が定理 2.1 の (1), (2) のみたすことを示そう.

まず, $I(F) = F$ より, $I \in H$.

$$\therefore \quad H \neq \emptyset.$$

$\sigma, \tau \in H$ ならば $\sigma(F) = F, \ \tau(F) = F.$

$$\therefore \quad (\sigma\tau)(F) = \sigma(\tau(F)) = \sigma(F) = F \quad \therefore \quad \sigma\tau \in F.$$

$\sigma \in H$ ならば, $\sigma(F) = F$. 両辺に σ^{-1} を作用させれば

$$\text{左辺} = \sigma^{-1}(\sigma(F)) = F, \quad \text{右辺} = \sigma^{-1}(F).$$

$$\therefore \quad F = \sigma^{-1}(F) \quad \therefore \quad \sigma^{-1} \in H.$$

定理 2.2 $\quad G$ を群, $H_1, \ldots, H_n$ を G の部分群とする. そのとき,

$$H = \bigcap_{i=1}^{n} H_i$$

は G の部分群である.

証明 H が定理 2.1 の条件をみたすことを示そう.

H_i が部分群であるから, $e \in H_i$. よって $e \in \bigcap H_i = H$. ゆえに $H \neq \emptyset$.

$a, b \in H$ とすれば, $H \subset H_i$ であるから, $a, b \in H_i$. H_i が部分群であるから, 定理 2.1 の必要性より, $ab \in H_i$.

$$\therefore \quad ab \in \bigcap H_i = H.$$

$a \in H$ とすれば，$a \in H_i$．H_i が部分群であるから，$a^{-1} \in H_i$．よって $a^{-1} \in \bigcap H_i = H$．■

注意 2 定理 2.2 は有限個の部分群についてのべたが，証明は無限個の部分群の共通集合についても通用する．

G を群，A をその空でない部分集合とする．G の部分群で A を含むものすべての共通集合 H は G の部分群である．このとき，A が H を**生成する**といい，$H = \langle A \rangle$ と書く．また，A を H の**生成系**という．

H は A を含む最小の部分群である．

例 3 $G = \boldsymbol{Q}^*$(0 以外の有理数のなす乗法群) において，$A = \{p \mid p\ \text{素数}, p > 0\}$ の生成する部分群 H は，正の有理数全体のなす部分群である．

> **定理 2.3** 群 G において，空でない部分集合 A の生成する部分群 $\langle A \rangle$ は
> $$\{a_1^{\varepsilon_1}\cdots a_n^{\varepsilon_n} \mid a_i \in A,\ \varepsilon_i = \pm 1,\ 1 \leqq i \leqq n,\ n = 1, 2, \ldots\}$$
> である．

証明 まず，この集合 H_0 が定理 2.1 の条件をみたし，部分群であることを示そう．$H_0 \supset A$ より $H_0 \neq \emptyset$．H_0 の 2 元 $a_1^{\varepsilon_1}\cdots a_n^{\varepsilon_n}, a_{n+1}^{\varepsilon_{n+1}}\cdots a_m^{\varepsilon_m}$ の積は

$$(a_1^{\varepsilon_1}\cdots a_n^{\varepsilon_n})(a_{n+1}^{\varepsilon_{n+1}}\cdots a_m^{\varepsilon_m}) = a_1^{\varepsilon_1}\cdots a_n^{\varepsilon_n} a_{n+1}^{\varepsilon_{n+1}}\cdots a_m^{\varepsilon_m}$$

で，H_0 に属す．また，H_0 の元 $a_1^{\varepsilon_1} a_2^{\varepsilon_2}\cdots a_n^{\varepsilon_n}$ の逆元は

$$(a_1^{\varepsilon_1} a_2^{\varepsilon_2}\cdots a_n^{\varepsilon_n})^{-1} = a_n^{-\varepsilon_n}\cdots a_2^{-\varepsilon_2} a_1^{-\varepsilon_1}$$

で，やはり H_0 の元である．よって，H_0 は A を含む部分群である．

A の生成する部分群 $H = \langle A \rangle$ は，A を含むすべての部分群の共通集合であるから，$H \subset H_0$．

一方，$A \subset H$ で，H が部分群であるから，A の元とその逆元が H に属する．H の元の n 個の積が H に属するから，$a_1, \ldots, a_n \in A$ に対して

$$a_1^{\varepsilon_1}\cdots a_n^{\varepsilon_n} \in H$$

2.1 部分群

である．よって，$H_0 \subset H$．上とまとめて，$H = H_0$．■

群 G の部分群 H が 1 つの元 a により生成されるとき，H を**巡回部分群**，a をその**生成元**といい，$H = \langle a \rangle$ と書く．

とくに，$G = \langle a \rangle$ のとき，G を**巡回群**という．巡回群はアーベル群である．何となれば：

$$a^i a^j = a^{i+j} = a^j a^i.$$

> **定理 2.4** 群の巡回部分群 $H = \langle a \rangle$ について，次の 2 つの場合が起る．
> (i) 任意の整数 $n \neq 0$ に対して，$a^n \neq e$：このとき，H は無限群で，
> $$H = \{\ldots, a^{-2}, a^{-1}, e, a, a^2, \ldots\}, \qquad a^k \neq a^l \quad (k \neq l).$$
> (ii) ある整数 $n \neq 0$ に対して，$a^n = e$：このとき，$a^n = e$ をみたす整数 n のうち，最小正のものを m とすれば，
> $$H = \{e, a, \ldots, a^{m-1}\}, \quad a^m = e, \qquad a^k \neq a^l \ (0 \leqq l < k \leqq m-1).$$
> また，このとき，$a^n = e$ ならば，n は m の倍数である．
> m を元 a の**位数**という．それは $\langle a \rangle$ の位数に等しい．

証明 定理 2.3 より，H は (元が重複する可能性もあるが)
$$H = \{e, a^{\pm 1}, a^{\pm 2}, \ldots\}. \tag{1}$$

(i) 0 以外のすべての整数 n について $a^n \neq e$ のとき：$a^k = a^l$ とすると，両辺に a^{-l} をかけて，$a^{k-l} = e$．ゆえに $k - l = 0$, $k = l$．よって，(1) の元はすべて異なる．

(ii) 0 でないある整数 n に対して $a^n = e$ のとき：$a^{\pm n} = e$ であるから，$a^n = e$ をみたす正整数 n が存在する．$a^n = 0$ をみたす整数のうち，最小正のものを m とすると，まず，$a^m = e$．

任意の整数 h に対し，$h = qm + r \ (0 \leqq r < m)$ をみたす整数 q, r がとれるから，
$$a^h = a^{qm+r} = (a^m)^q a^r = e^q a^r = a^r. \tag{2}$$
よって，H の任意の元 a^h は $a^r (0 \leqq r < m)$ の形．

一方,$k,l\,(0 \leqq l < k < m)$ に対して,$a^k = a^l$ とすれば,$a^{k-l} = e$, $0 < k-l < m$ となり,m のとり方に矛盾.よって,$a^k \neq a^l$.

とくに,$a^h = e$ とすれば,(2) より $a^h = a^r = e$.よって,$r = 0$.h は m の倍数である.■

問1　0 以外の複素数全体の乗法群 $\boldsymbol{C}^*$ において,次の集合は部分群であるか.
(i)　　$H = \{z \mid z \in \boldsymbol{C}^*,\ |z| \geqq 1\}$
(ii)　　$H = \{z \mid z = x+yi \in \boldsymbol{C}^*,\ x = y \in \boldsymbol{R}\}$
(iii)　　$H = \{z \mid z = 2^x(\cos x + i\sin x),\ x \in \boldsymbol{R}\}$

問2　例 2 の $\boldsymbol{T}, \boldsymbol{R}^*$ が $\boldsymbol{C}^*$ の部分群であることを証明せよ.

問3　H を群 G の部分群,c を G の元とする.そのとき,

$$H_1 = cHc^{-1} = \{chc^{-1} \mid h \in H\}$$

も G の部分群であることを証明せよ.これを H の**共役部分群**という(G の元 a に対し,cac^{-1} を a の**共役元**という).

問4　n 次の対称群 S_n (1.2 節 1) において,偶置換全体の集合 A_n は部分群であることを示せ.A_n を n 次の**交代群**という.

問5　群 G において,空でない部分集合 H が部分群であるための必要十分条件は

$$a,b \in H \Longrightarrow ab^{-1} \in H$$

であることを示せ.

問6　群 G において,空でない部分集合 A の生成する部分群を H とするとき,H は A を含む部分群のうち最小であることを証明せよ.

2.2　部分群による類別

G を群,H をその部分群とする.

定義 2.2　G の元 a,b に対し,$b^{-1}a \in H$ のとき

$$a \equiv b \pmod{H}$$

と表す.すなわち,

$$a \equiv b \pmod{H} \iff b^{-1}a \in H.$$

2.2 部分群による類別

例1 $G = S_n$, $H = A_n$ とする. G の元 σ, τ に対し, σ, τ がともに偶置換 (またはともに奇置換) のとき, $\sigma \equiv \tau \pmod{A_n}$. σ, τ の1つが偶置換, もう1つが奇置換のとき, $\sigma \not\equiv \tau \pmod{A_n}$.

この $\equiv$ は G 上の同値関係である. すなわち,

(1) $a \equiv a \pmod{H}$

(2) $a \equiv b \pmod{H} \Longrightarrow b \equiv a \pmod{H}$

(3) $a \equiv b, b \equiv c \pmod{H} \Longrightarrow a \equiv c \pmod{H}$

証明 (1) H は部分群であるから, 単位元を含む. ゆえに $a^{-1}a = e \in H$. よって $a \equiv a \pmod{H}$.

(2) $a \equiv b \pmod{H}$ とすれば $b^{-1}a \in H$ である. H は部分群であるから, H の元の逆元は H に属す. $a^{-1}b = (b^{-1}a)^{-1} \in H$. ゆえに $b \equiv a \pmod{H}$.

(3) $a \equiv b, b \equiv c \pmod{H}$ とすれば $b^{-1}a, c^{-1}b \in H$ である. H が部分群であるから, H の元の積は H に属す. ゆえに $c^{-1}a = (c^{-1}b)(b^{-1}a) \in H$. よって $a \equiv c \pmod{H}$. ∎

$\equiv$ が G 上の同値関係であるから, それにより G の類別ができる*. すなわち,

$$C_a = \{x \mid x \equiv a \pmod{H}\}$$

とすれば,

$$G = \bigcup C_a,$$
$$C_a \cap C_b \neq \emptyset \Longrightarrow C_a = C_b.$$

その各類を H による**左剰余類**, 類別を H による**左類別**という.

H による相異なる左剰余類の個数を H の G における**指数**といい, $(G : H)$ で表す. また, 左剰余類の集合を G/H で表す.

$$(G : H) = |G/H|.$$

例2 $G = S_n$, $H = A_n$ とすれば, H による剰余類は2つ;

偶置換全体の集合 $= A_n$ と   奇置換全体の集合.

---

* 付録2参照.

第2章 部分群・剰余群

定理 2.5 H を群 G の部分群とする.
(1) C を H による左剰余類, $a \in C$ とすれば,
$$C = C_a = aH = \{ah \mid h \in H\}.$$
とくに,
$$C_e = H.$$
(2) $\varphi : C_e \longrightarrow C_a, \quad h \longmapsto ah$
は全単射である.

証明 (1) $a \in C \cap C_a$. $C \cap C_a \neq \emptyset$ で, 類別の類であるから,
$$C = C_a = \{x \mid x \equiv a \pmod{H}\}.$$

一方, $x \equiv a \pmod{H} \Longleftrightarrow a^{-1}x \in H \Longleftrightarrow x \in aH$.

(2) $\quad \varphi(h) = \varphi(h') \Longleftrightarrow ah = ah' \Longleftrightarrow h = h'$.

よって, 単射. 任意の $x \in C_a$ に対して,
$$x = ah = \varphi(h), \qquad h \in H = C_e.$$
よって, 全射. ■

定理 2.6 有限群 G の部分群を H とすれば,
$$G \text{ の位数} = (H \text{ の位数}) \times (G : H).$$

証明 H による相異なる左剰余類を $C_1 = C_e = H, C_2, \ldots, C_k$ とすれば,
$$G = C_1 \cup C_2 \cup \cdots \cup C_k, \qquad C_i \cap C_j = \emptyset \quad (i \neq j).$$

定理 2.5 より, C_i の元数 $= C_e(= H)$ の元数. よって,
$$G \text{ の元数} = (H \text{ の元数}) \times k, \qquad k = (G : H). \blacksquare$$

とくに, H が元 a により生成される巡回部分群 $\langle a \rangle$ のとき, 次が成り立つ.

2.2 部分群による類別

定理 2.7 有限群 G の元を a とすれば，a の位数は G の位数の約数である．したがって，G の位数を n とすれば，$a^n = e$．

証明 $H = \langle a \rangle$ とすれば，定理 2.4 より

$$H \text{ の位数} = a \text{ の位数}.$$

定理 2.6 より，G の位数 $= (a \text{ の位数}) \times (G : H)$．

a の位数を m とすれば，定理 2.4 より，$a^m = e$．一方，いまのべたことより，$n = mk$．よって，

$$a^n = (a^m)^k = e^k = e. \blacksquare$$

例題 1

正 n 面体の各面が正 q 角形であるとする．この正 n 面体の回転群 (1.2 節 2) を G とすれば，

$$G \text{ の位数} = nq.$$

証明 正 n 面体の面を $F_1, F_2, \ldots, F_n$ とする．前節の例題 1 でのべたように，

$$H = \{\sigma \mid \sigma \in G,\ \sigma(F_1) = F_1\}$$

は G の部分群である．正 n 面体の中心を O，正 q 角形 F_1 の中心を O_1 とすれば，H は OO_1 を軸とする $360°/q$ の回転 σ により生成される巡回群で，位数は q である．

また，H による左剰余類を考えると，

$$\rho \in \tau H \iff \tau^{-1}\rho \in H \iff \tau^{-1}\rho(F_1) = F_1 \iff \rho(F_1) = \tau(F_1).$$

つまり，H による 1 つの左剰余類は，F_1 の移る先が同じである回転全部よりなる．

一方，各 F_i に対し，F_1 を F_i に移す τ_i が存在する．$\tau_i(F_1) = F_i$．

たとえば，O_1 を O_i に写し，F_1 の 1 つの頂点を F_i の 1 つの頂点に移すような O のまわりの回転をとればよい．

よって，H による左剰余類は

$$\tau_1 H = H, \tau_2 H, \ldots, \tau_n H$$

で，H の G における指数は n，$(G : H) = n$ である．定理 2.6 より

$$G \text{ の位数} = (H \text{ の位数}) \times n = nq.$$

例 3　正 4 面体，　　$n=4$,　　$q=3$,　　$|G|=12$,　　$G=$ 正 4 面体群.
　　　　　立方体，　　　$n=6$,　　$q=4$,　　$|G|=24$,　　$G=$ 正 8 面体群.
　　　　　正 8 面体，　　$n=8$,　　$q=3$,　　$|G|=24$,　　$G=$ 正 8 面体群.
　　　　　正 12 面体，　$n=12$,　$q=5$,　　$|G|=60$,　　$G=$ 正 20 面体群.
　　　　　正 20 面体，　$n=20$,　$q=3$,　　$|G|=60$,　　$G=$ 正 20 面体群.

G を群，H をその部分群とする．定義 2.2 と同様に，G の元 a,b に対し，
$$a \equiv' b \pmod{H} \iff ab^{-1} \in H$$
と定義すれば，これも G 上の同値関係であり，G の類別ができる．その類は
$$C_a' = \{x \mid x \in G, \quad x \equiv' a \pmod{H}\}$$
$$= \{x \mid x = ha, h \in H\} = Ha$$
の形である．これを H による**右剰余類**，類別を H による**右類別**という．右剰余類全体の集合を $H \backslash G$ で表す．

H による右類別と左類別の類数は等しい．

例題 2

H を群 G の部分群とする．G の H による左類別と右類別とが，類別として，一致するための必要十分条件は，任意の $a \in G$ に対して
$$aHa^{-1} = H$$
となることである．

証明　(i)　G の H による左類別と右類別とが一致したとする．そのとき，任意の左剰余類が，G の部分集合として，ある右剰余類に一致する．G の任意の元 a に対し，a を含む左剰余類 $C_a = aH$ を考える．それがある右剰余類 C' になっているが，$a \in C'$ より，定理 2.6 と同様に，$C' = C_a' = Ha$．よって，$aH = Ha$．右から a^{-1} をかけて，$aHa^{-1} = H$．

(ii)　逆に，G の任意の元 a に対し，$aHa^{-1} = H$ とする．右より a をかけて，$aH = Ha$．すなわち，a を含む左剰余類と右剰余類とは一致する．

問 1　H を群 G の部分群とする．G より G への全単射
$$\psi: \quad x \longmapsto x^{-1}$$
は左剰余類の集合 G/H から右剰余類の集合 $H \backslash G$ への全単射を与えることを証明せよ．よって，左類別と右類別の類数は等しい．

問 2 n 個の文字, $1, \ldots, n$ の置換全体の群 S_n を考える.
$$H = \{\sigma \mid \sigma \in S_n,\ \sigma(1) = 1\}$$
は $G = S_n$ の部分群であることを示せ. また, H による左剰余類は
$$C_i = \{\tau \mid \tau(1) = i\}$$
の形であることを示せ.

問 3 正 n 面体をそれ自身に移す回転の群を G とする. この正 n 面体の 1 つの辺を l とし,
$$H = \{\sigma \mid \sigma \in G,\ \sigma(l) = l\}$$
とする. G と H による左類別を考えることにより, 例題 1 と同様にして次を示せ.
$$\text{正 } n \text{ 面体の辺の数} = (G \text{ の位数})/2$$

問 4 さらに, 正 n 面体の 1 つの頂点を P, P に集まる面の数を k とする.
$$H = \{\sigma \mid \sigma \in G,\ \sigma(\mathrm{P}) = \mathrm{P}\}$$
とし, G の H による左類別を考え, 例題 1 と同様にして, 次を示せ.
$$\text{正 } n \text{ 面体の頂点の数} = (G \text{ の位数})/k$$

問 5 位数が素数の群は巡回群であることを示せ.

2.3 正規部分群と剰余群

前節の例題 2 でのべたような左類別と右類別の一致する部分群は重要である.

定義 2.3 群 G の部分群 H において, G の任意の元 a に対し,
$$aHa^{-1} = H$$
であるとき, H を G の **正規部分群** または **不変部分群** という.
H が G の正規部分群であることを
$$H \triangleleft G \quad \text{または} \quad G \triangleright H$$
で表す.

注意 1 アーベル群 G においては, 部分群はすべて正規である.

例1 群 G において，
$$Z(G) = \{c \mid c \in G,\ ca = ac\ (\text{すべての}\ a \in G\ \text{に対し})\}$$
は G の正規部分群である．これを G の**中心**という．

群 G において，与えられた部分群 H が正規かどうかをしらべるのに，次の条件が便利である．

定理 2.8 H を群 G の部分群とする．任意の $a \in G$ に対し，
$$aHa^{-1} \subset H$$
ならば，H は G の正規部分群である．

証明 G の任意の a に対し，$aHa^{-1} \subset H$ であるから，a に a^{-1} を代入すれば $a^{-1}Ha \subset H$．両辺に左，右より a, a^{-1} をかけて，
$$\text{左辺} = a(a^{-1}Ha)a^{-1} = (aa^{-1})H(aa^{-1}) = H \subset \text{右辺} = aHa^{-1}.$$
与条件の $aHa^{-1} \subset H$ とあわせて $aHa^{-1} = H$．■

例2 $G = S_n,\ H = A_n$ とする．τ を S_n の任意の元，σ を A_n の元とし，$\tau = m$ 個の互換の積，$\sigma = 2k$ 個の互換の積とすれば，
$$\tau\sigma\tau^{-1} = m + 2k + m\ \text{個の互換の積} \in A_n.$$
よって，A_n は S_n の正規部分群．

N を群 G の正規部分群とする．N による (左) 剰余類全体の集合 $\bar{G} = G/N$ に，G の演算より自然に導かれる 2 項演算が定義され，$\bar{G}$ は群になる．すなわち，

定理 2.9 N を群 G の正規部分群とし，N による左剰余類全体の集合を $\bar{G}$ とする．$\bar{G}$ の元 C_a, C_b の積を
$$C_a C_b = C_{ab}$$
と定義すれば，これは $\bar{G}$ 上の 2 項演算で，$\bar{G}$ はこの演算により群をなす．この群 $\bar{G} = G/N$ を G の N による**剰余(類)群**または**商群**という．

2.3 正規部分群と剰余群

証明 定理 1.1 の 4 条件をたしかめ，群をなすことを示す．

(1) 2 項演算の存在： 上の定義は剰余類の積を代表元の積により定義している．しかし，代表元を他の代表元にとりかえても結果は同じである．すなわち，

$$C_{a'} = C_a, \ C_{b'} = C_b \Longrightarrow C_{a'b'} = C_{ab}.$$

何となれば，$C_{a'} = C_a, \ C_{b'} = C_b$ より $a' = an_1, \ b' = bn_2, \ n_1, n_2 \in N$. したがって $a'b' = an_1bn_2 = ab \cdot b^{-1}n_1b \cdot n_2$. ここで，$N$ が正規であるから，$b^{-1}n_1b \in N$. N が部分群であるから $b^{-1}n_1b \cdot n_2 \in N$. よって，

$$a'b' \in abN = C_{ab}. \quad \therefore \quad C_{a'b'} = C_{ab}.$$

したがって，上の定義は剰余類の集合 $\bar{G}$ 上の 2 項演算を与える．

(2) 結合法則：

$$\begin{aligned}(C_aC_b)C_c &= C_{ab}C_c = C_{(ab)c} = C_{a(bc)} = C_aC_{bc} \\ &= C_a(C_bC_c).\end{aligned}$$

(3′) 左単位元の存在： G の単位元を e とすれば，$\bar{G}$ の任意の元 C_a に対して

$$C_eC_a = C_{ea} = C_a.$$

(4′) 左逆元の存在： $\bar{G}$ の任意の元 C_a に対して，

$$C_{a^{-1}}C_a = C_{a^{-1}a} = C_e. \blacksquare$$

注意 2 $C_e = eN = N$.

注意 3 前節の例題 2 でのべたように，N が G の正規部分群であれば，N による左と右の剰余類への類別は一致する．2 つの剰余類 C_a, C_b に対して，集合 $\{xy \mid x \in C_a, y \in C_b\}$ を考えれば，これはちょうど 1 つの剰余類 C_{ab} になる．上の積の定義はこれに一致する形である．同様に，$\{x^{-1} \mid x \in C_a\} = C_{a^{-1}}$.

注意 4 G がアーベル群のとき，剰余群 G/N もアーベル群である．

何となれば： $C_aC_b = C_{ab} = C_{ba} = C_bC_a$.

例 3 $G = S_n, \ N = A_n$ とすれば，例 2 でのべたように，A_n は S_n の正規部分群で，前節の例 2 で示したように，A_n による剰余類は 2 個．剰余群 $\bar{G} = S_n/A_n$ は位

数 2 の巡回群である．

例 4 前に，1.1 節 例 3 で考えた $GL(2, \boldsymbol{R})$ において，
$$N = \left\{ a = \begin{bmatrix} p & q \\ r & s \end{bmatrix} \middle| \det(a) = ps - qr = 1, \ p, q, r, s : 実数 \right\}$$
とする．N は $GL(2, \boldsymbol{R})$ の正規部分群で，N による剰余類は
$$C_a = \{x \mid x \in GL(2, \boldsymbol{R}), \ \det(x) = \det(a)\}$$
の形である．したがって，

$$\bar{\varphi}: \quad \bar{G} = GL(2, \boldsymbol{R})/N \quad \longrightarrow \quad \boldsymbol{R}^* \ (0 \text{ 以外の実数の乗法群})$$
$$C_a \quad \longmapsto \quad \det(a)$$

は写像であるが，これは全単射である．

N を $SL(2, \boldsymbol{R})$ で表し，**特殊線形群**という．

問 1 G を群，H をその部分群とするとき，
$$N = \bigcap_{x \in G} x H x^{-1}$$
は G の正規部分群であることを示せ．

問 2 G を群，H をその部分群，N を G の正規部分群とする．そのとき，
$$HN = \{hn \mid h \in H, \ n \in N\}$$
は G の部分群であることを示せ．また $H \cap N$ は H の正規部分群であることを示せ．

問 3 G を群，N_1, N_2 を G の正規部分群とするとき，
$$N_1 \cap N_2, \qquad N_1 N_2 = \{n_1 n_2 \mid n_i \in N_i\}$$
はともに G の正規部分群であることを示せ．

問 4 例 4 を証明せよ．すなわち，$G = GL(2, \boldsymbol{R})$, $N = SL(2, \boldsymbol{R})$ とするとき，
(i) N は G の正規部分群である．
(ii) N による G の剰余類 C_a は $\{x \mid x \in G, \ \det(x) = \det(a)\}$ である．
(iii) $\bar{\varphi}: G/N \longrightarrow \boldsymbol{R}^*$, $C_a \longmapsto \det(a)$ が全単射の写像である．
ことを示せ．

2.4 部分加群

加群においては，演算が加法であることにあわせて，1.3 節に引き続き，定義や定理などの形がかわる．

> **定義 2.1a** 加群 A において，部分集合 B が A の加法により加群をなすとき，B を A の**部分加群**という．

> **定理 2.1a** 加群 A において，空でない部分集合 B が部分加群であるための必要十分条件は次の 2 つが成り立つことである．
> (1) $b_1, b_2 \in B \Longrightarrow b_1 + b_2 \in B$.
> (2) $b \in B \Longrightarrow -b \in B$.

> **定義 2.2a** B を加群 A の部分加群とする．A の元 a_1, a_2 に対し
> $$a_1 \equiv a_2 \pmod{B} \iff a_1 - a_2 \in B$$
> と定義する．

加法は可換であるから，B による剰余類に左右の区別はなくなり，

$$C_a = \{x \mid x - a \in B\} = a + B$$

の形である (部分加群はすべて正規部分群の条件 $a + B - a = B$ をみたす)．

> **定理 2.9a** 加群 A の部分加群 B による剰余群 $\bar{A} = A/B$ の演算は
> $$C_a + C_c = C_{a+c}$$
> であり，零元は $C_0 = B$, C_a の (加法の) 逆元は C_{-a} である*．

例 1 整数全体の集合 $\boldsymbol{Z}$ は加法について群をなす．1 つの整数 m に対して，

$$(m) = \{mn \mid n \in \boldsymbol{Z}\}$$

---

* 剰余群 $\bar{A} = A/B$ を**剰余加群**または**商加群**ということもある．

とおけば，(m) は $\boldsymbol{Z}$ の部分加群である．定義 2.2a より，$k, l \in \boldsymbol{Z}$ に対して，
$$k \equiv l \pmod{m} \iff k - l \in (m) \iff k - l = mn.$$
このとき，m を法として k が l に合同という．

(m) による剰余類は
$$C_0, C_1, \ldots, C_{m-1}$$
の m 個で，商群 $\boldsymbol{Z}/(m)$ は加法について位数 m の巡回群である．

例題 1

$\boldsymbol{Z}$ の部分加群を B とする．$B \neq \{0\}$ ならば，B はある整数 m の倍数全体のなす部分加群 (m) に等しい．すなわち，
$$B = (m) = \{mk \mid k \in \boldsymbol{Z}\}$$

証明 $B \neq \{0\}$ であるから，B に含まれる最小正の整数を m とする．そのとき，B の元 n は m の倍数である．

何となれば： n を m で割って，
$$n = mq + r, \qquad q, r \in \boldsymbol{Z}, \quad 0 \leqq r < m$$
とする．変形して，
$$r = n - mq.$$
ここで，B は部分加群であるから，$m \in B$ より，$qm \in B$．同じく，$n \in B$, $qm \in B$ より $n - mq \in B$．ゆえに $r \in B$．

もし，$r \neq 0$ ならば，上式より $0 < r < m$ で，$r \in B$．これは，m のとり方（B 内で最小正の元）に矛盾する．よって，$r = 0$．ゆえに $n = mq$．

一方，いまのべたように，$mk \in B$．したがって，
$$B = \{mk \mid k \in \boldsymbol{Z}\} = (m).$$

問 1 (m) は $\boldsymbol{Z}$ の部分加群であることを示せ．

問 2 加群 $\boldsymbol{Z}/(m)$ は 1 つの元により生成されることを示せ．

問 3 B, C を加群 A の部分加群とするとき，次の集合もまた A の部分加群であることを示せ．
$$B \cap C, \qquad B + C = \{b + c \mid b \in B, c \in C\}.$$

$B+C$ は B と C の生成する部分加群である.

問4 a,b を2整数とする.

(i) $(a,b) = \{ak+bl \mid k,l \in \mathbf{Z}\}$

は $\mathbf{Z}$ の部分加群であることを示せ.

(ii) したがって,例題1より,ある整数 d に対して,$(a,b) = (d)$. $a \in (a,b)$, $b \in (a,b)$ を示すことにより,d が a,b の公約数であることを示せ.

(iii) d_0 が a,b の公約数ならば,d_0 は d の約数であることを示せ.したがって,d は,a,b の最大公約数である.

注意 以上をまとめて次の結果をうる.

2整数 a,b の最大公約数を d とすれば,

$$ak + bl = d$$

をみたす整数 k,l が存在する.

とくに,$d=1$ のとき,すなわち,a,b が互いに素のとき,

$$ak + bl = 1$$

をみたす整数 k,l が存在する.

これは整数のとり扱いにおいて,よく用いられる性質である(たとえば4.2節例題2,4など).

問5 加群 A の元 a に対し,$na=0$ となる 0 以外の整数 n が存在するとき,a をねじれ元という.

(i) ねじれ元全体の集合 A_0 は A の部分加群であることを示せ.

(ii) $\bar{A} = A/A_0$ において,ねじれ元は 0 元だけであることを示せ.

演習問題

1 前章 演習問題1の群 G において,部分集合

$$H_0 = \{\varphi_{1,\beta} \mid \beta \in \mathbf{C}\}, \qquad H_1 = \{\varphi_{\alpha,\beta} \mid |\alpha|=1,\ \alpha,\beta \in \mathbf{C}\},$$
$$H_2 = \{\varphi_{\alpha,0} \mid \alpha \neq 0,\ \alpha \in \mathbf{C}\}$$

が部分群であるか,正規部分群であるかをしらべよ.

また,正規部分群ならば,その剰余群はどんな群であるか

2 S を群 G の部分集合とする.そのとき,

$$Z(S) = \{x \mid x \in G,\ xs = sx\ (\text{すべての } s \in S\ \text{に対して})\}$$
$$N(S) = \{x \mid x \in G,\ xS = Sx\}$$

はともに G の部分群であることを示せ.また,$Z(S)$ は $N(S)$ の正規部分群であるこ

とを示せ．$Z(S)$ を S の**中心化群**，$N(S)$ を S の**正規化群**という．

3 群 G の空でない部分集合 H について，次は同値であることを示せ．
(1)　H は部分群である．
(2)　$a, b \in H \Longrightarrow a^{-1}b \in H$.
(3)　$a, b \in H \Longrightarrow ab^{-1} \in H$.

4 N を群 G の中心 $Z(G)$ の部分群，G/N が巡回群であるとする．そのとき，G はアーベル群であることを証明せよ．

5　(i)　H, K を群 G の部分群とする．G の元 a, b に対し，
$$a \sim b \iff a = hbk \text{ となる } h \in H, k \in K \text{ が存在する}$$
と定義すれば，$\sim$ は G の上の同値関係であることを示せ．また，$\sim$ による類別の類は $C_a = HaK$ の形であることを示せ．

(ii)　この類別と H による右類別，K による左類別とはどんな関係があるか．

(iii)　この類別を $K = H$ として考えたとき，1つの類 HaH において，H による左剰余類の各類と右剰余類の各類とは必ず交わることを証明せよ．

したがって，H を有限群 G の部分群とするとき，H による左類別と右類別は共通の完全代表系がとれる．

6 H, K を群 G の真部分群とすれば，$G \neq H \cup K$ であることを証明せよ．

7 群 G の位数を pq (p, q は素数，$p < q$) とする．H を位数 q の G の部分群とすれば，H は G の正規部分群であることを証明せよ．

3 準同形・同形

今までは 1 つの群について考えてきたが，ここでは 2 つ以上の群について考える．2 つの群の間に 1 対 1 の対応があり，一方の積と他方の積とが対応するならば，演算をもった集合 (代数系) として，この 2 つは同じ動作をする．つまり，一方で計算した結果と他方で計算した結果が対応する．このことから，同形という概念が現れる．

さらに，これを弱めたものとして準同形写像が考えられる．これらは群および加群のとり扱いにおいて，重要な概念である．

3.1 定義と基本性質

定義 3.1 群 G_1 から G_2 への写像 $\varphi: G_1 \longrightarrow G_2$ が，G_1 の任意の元 a_1, b_1 に対して，

$$\varphi(a_1 \circ b_1) = \varphi(a_1) \triangle \varphi(b_1)$$

をみたすとき，φ を G_1 から G_2 への**準同形写像**または単に**準同形**という．ここで，$\circ$ は G_1 の演算を，$\triangle$ は G_2 の演算を表す*．

例 1 0 以外の実数全体の乗法群 $\mathbf{R}^*$ と実数全体の加群 $\mathbf{R}$ において，

$$\varphi: \quad \mathbf{R}^* \longrightarrow \mathbf{R}, \qquad x \longmapsto \log_e |x|$$

は準同形写像である．

定理 3.1 $\varphi: G_1 \longrightarrow G_2$ を群 G_1 から群 G_2 への準同形写像とする．G_i の単位元を e_i とし，a_1 を G_1 の元とすると

$$\varphi(e_1) = e_2, \qquad \varphi(a_1^{-1}) = (\varphi(a_1))^{-1}.$$

証明 $e_1{}^2 = e_1$ に φ を作用させて，$\varphi(e_1{}^2) = \varphi(e_1)\varphi(e_1) = \varphi(e_1)$．群 G_2

---
* 加群以外のとき，混乱するおそれがなければ，普通は $\circ, \triangle$ を省略する．

において，$x^2 = x$ をみたすのは単位元 e_2 だけである．よって，$\varphi(e_1) = e_2$ となる．

$a_1{}^{-1} a_1 = e_1$ に φ を作用させる．左辺 $= \varphi(a_1{}^{-1} a_1) = \varphi(a_1{}^{-1}) \varphi(a_1)$．右辺 $= \varphi(e_1) = e_2$ によって，$\varphi(a_1{}^{-1}) \varphi(a_1) = e_2$．両辺に右から $\varphi(a_1)$ の逆元 $\varphi(a_1)^{-1}$ をかけて，$\varphi(a_1{}^{-1}) = \varphi(a_1)^{-1}$．■

> **定理 3.2** $\varphi : G_1 \longrightarrow G_2$ を群 G_1 から群 G_2 への準同形写像，G_2 の単位元を e_2 とする．そのとき，
> $$N_1 = \varphi^{-1}(e_2) = \{a_1 \mid a_1 \in G_1, \varphi(a_1) = e_2\}$$
> は，G_1 の正規部分群である．これを準同形写像 φ の**核**といい，$\operatorname{Ker} \varphi$ で表す．

証明 定理 2.1, 2.8 の条件をみたすことを示す．

まず，定理 3.1 より，$e_1 \in N_1$．よって $N_1 \neq \emptyset$．

$a_1, b_1 \in N_1 \iff \varphi(a_1) = e_2, \varphi(b_1) = e_2 \implies \varphi(a_1 b_1) = \varphi(a_1) \varphi(b_1) = e_2 e_2 = e_2 \iff a_1 b_1 \in N_1$．

$a_1 \in N_1 \iff \varphi(a_1) = e_2 \implies \varphi(a_1{}^{-1}) = (\varphi(a_1))^{-1} = e_2{}^{-1} = e_2 \iff a_1{}^{-1} \in N_1$．よって，$N_1$ は G_1 の部分群である．

$a_1 \in N_1, c_1 \in G_1 \implies \varphi(c_1 a_1 c_1{}^{-1}) = \varphi(c_1) \varphi(a_1) \varphi(c_1{}^{-1}) = \varphi(c_1) e_2 (\varphi(c_1))^{-1} = e_2 \iff c_1 a_1 c_1{}^{-1} \in N_1$．ゆえに，$c_1 N_1 c_1{}^{-1} \subset N_1$．よって，$N_1$ は正規．■

準同形写像 $\varphi : G_1 \longrightarrow G_2$ が全射のとき**全準同形写像**，単射のとき**単準同形写像**という．

例 2 上の例 1 の φ は全準同形写像，$\operatorname{Ker} \varphi = \{\pm 1\}$．一方，
$$\psi : \boldsymbol{R} \longrightarrow \boldsymbol{R}^*, \qquad x \longmapsto e^x$$
は単準同形写像である．

例 3 G を群，N をその正規部分群とする．G から剰余群 $\bar{G} = G/N$ への写像
$$\varphi : G \longrightarrow \bar{G}, \qquad a \longmapsto C_a$$
を考える．$\varphi(ab) = C_{ab} = C_a C_b = \varphi(a) \varphi(b)$，かつ全射であるから，$\varphi$ は G から

3.1 定義と基本性質

$\bar{G} = G/N$ への全準同形写像である．これを**自然 (な) 準同形写像**という．

> **定義 3.2** 群 G_1 から群 G_2 への準同形写像 $\varphi : G_1 \longrightarrow G_2$ が全単射のとき，φ を G_1 から G_2 への**同形写像**という．
> 群 G_1 から群 G_2 への同形写像が存在するとき，G_1 と G_2 は**同形**であるといい，次のように表す．
> $$G_1 \cong G_2.$$

例 4 実数全体の加群 $\boldsymbol{R}$ と正の実数全体の乗法群 $\boldsymbol{R_1}^*$ において，
$$\psi_1 : \quad \boldsymbol{R} \longrightarrow \boldsymbol{R_1}^*, \qquad x \longmapsto e^x$$
は同形写像である．

> **定義 3.3** G を群とする．G から G への同形写像を G の**自己同形写像**という．

例 5 G を群とする．G の元 a により定まる次の写像
$$\sigma_a : \quad G \longrightarrow G, \qquad x \longmapsto axa^{-1}$$
は G の自己同形写像である．これを**内部自己同形写像**という．

> **例題 1**
> 群 G の自己同形写像全体の集合 $A(G)$ は G 上の置換全体の群 $S(G)$ の部分群である．これを G の**自己同形群**という．

証明 定理 2.1 の条件をみたすことを示す．

G 上の恒等写像を I とすれば，$a,b \in G$ に対し，$I(ab) = ab = I(a)I(b)$ で，$I : G \longrightarrow G$ は全単射．ゆえに $I \in A(G)$．したがって $A(G) \neq \emptyset$．

$\varphi, \psi \in A(G)$ とすれば，$\varphi \circ \psi : G \longrightarrow G$ は全単射．かつ，$a,b \in G$ に対し，
$(\varphi \circ \psi)(ab) = \varphi(\psi(ab)) = \varphi(\psi(a)\psi(b))$ (合成写像の定義，ψ 準同形)
$\qquad\qquad = \varphi(\psi(a)\psi(b)) = (\varphi \circ \psi)(a) \cdot (\varphi \circ \psi)(b)$ (φ 準同形，合成写像の定義)
よって，$\varphi \circ \psi \in A(G)$．

$\varphi \in A(G)$ とすれば，$\varphi : G \longrightarrow G$ 全単射より，$\varphi^{-1} : G \longrightarrow G$ が存在して全単射．$a,b \in G$ に対し，$a = \varphi(a'), b = \varphi(b')$ とおけば，$a' = \varphi^{-1}(a), b' = \varphi^{-1}(b)$．一方，

$ab = \varphi(a')\varphi(b') = \varphi(a'b')$. φ^{-1} を作用させて，$\varphi^{-1}(ab) = \varphi^{-1}(\varphi(a'b')) = a'b' = \varphi^{-1}(a)\varphi^{-1}(b)$. よって，$\varphi^{-1} \in A(G)$.

―― 例題 2 ――――――――――――――――――――――――

群 G が巡回群であるための必要十分条件は

$$\text{全準同形写像} \quad \varphi : \mathbf{Z} \longrightarrow G$$

が存在することである．ここで，$\mathbf{Z}$ は整数全体のなす加群とする．

証明 (i) G が巡回群 $\langle a \rangle$ ならば，

$$\varphi : \mathbf{Z} \longrightarrow G, \quad n \longmapsto a^n$$

が全準同形写像である．

(ii) 逆に，全準同形写像 $\varphi : \mathbf{Z} \longrightarrow G$ が存在すれば，G は $a = \varphi(1)$ により生成される．

―― 例題 3 ――――――――――――――――――――――――

巡回群の部分群，剰余群は巡回群である．

証明 G を巡回群とすれば，例題 2 より，

$$\text{全準同形写像} \quad \varphi : \mathbf{Z} \longrightarrow G$$

が存在する．H を G の部分群，$H \neq \{e\}$ とする．

(i) $\varphi^{-1}(H) = \{n \mid n \in \mathbf{Z}, \varphi(n) \in H\}$
は $\mathbf{Z}$ の部分加群で，$\neq \{0\}$. よって，2.4 節 例題 1 より

$$\varphi^{-1}(H) = (m) = \{mk \mid k \in \mathbf{Z}\}.$$

ところで，写像 $\psi : \mathbf{Z} \longrightarrow (m), k \longmapsto mk$ は同形写像で，合成写像

$$\varphi \circ \psi : \mathbf{Z} \longrightarrow (m) \longrightarrow H$$

は全準同形写像である．よって，H は巡回群である．

(ii) 自然準同形写像 $\varphi_0 : G \longrightarrow G/H$
は全射であるから，合成写像

$$\varphi_0 \circ \varphi : \mathbf{Z} \longrightarrow G \longrightarrow G/H$$

も全準同形写像である．よって，G/H は巡回群である．

例題 4

無限巡回群の真部分群は無限巡回群である.

証明 無限巡回群 $G = \langle a \rangle$ の部分群 H は例題 3 より巡回群, $H = \langle b \rangle$. いま, 0 でない整数 n に対して, $b^n = e$ とすれば, $b = a^k (k \neq 0)$ より,

$$a^{kn} = e, \qquad nk \neq 0$$

となり, $\langle a \rangle$ が無限巡回群であることに矛盾する.

問 1 0 以外の複素数全体のなす乗法群 $\boldsymbol{C}^*$ において, 次の写像 $\varphi : \boldsymbol{C}^* \longrightarrow \boldsymbol{C}^*$ は準同形写像であるか. そうならば $\operatorname{Ker} \varphi$ は何か.

(i) $\quad \varphi : \ z \longmapsto z^2$

(ii) $\quad \varphi : \ z \longmapsto iz$

(iii) $\quad \varphi : \ z \longmapsto \bar{z}$ ($\bar{z}$ は z の共役複素数)

(iv) $\quad \varphi : \ z \longmapsto 1/|z|$

問 2 $\varphi : G_1 \longrightarrow G_2$ を群 G_1 から群 G_2 への準同形写像とする.

(i) H_1 を G_1 の部分群とするとき, $\varphi(H_1) = \{\varphi(h_1) \mid h_1 \in H_1\}$ は G_2 の部分群であることを示せ. とくに, $\varphi(G_1)$ も G_2 の部分群である.

(ii) $\varphi : G_1 \longrightarrow G_2$ が全準同形写像であるとき, N_1 を G_1 の正規部分群とすれば, $\varphi(N_1)$ は G_2 の正規部分群であることを示せ.

(iii) $\varphi : G_1 \longrightarrow G_2$ が全射でないとき, $\varphi(N_1)$ は G_2 の正規部分群であるか.

問 3 $\varphi : G_1 \longrightarrow G_2$ を群 G_1 から群 G_2 への準同形写像とする.

(i) H_2 を G_2 の部分群とするとき, $\varphi^{-1}(H_2) = \{x \mid x \in G_1, \varphi(x) \in H_2\}$ は G_1 の部分群であることを示せ.

(ii) N_2 を G_2 の正規部分群とするとき, $\varphi^{-1}(N_2)$ は G_1 の正規部分群であることを示せ.

問 4 $\varphi : G_1 \longrightarrow G_2$ を群 G_1 から群 G_2 への準同形写像とする. φ が単準同形写像であるための必要十分条件は $\operatorname{Ker} \varphi = \{e_1\}$ である. これを証明せよ.

問 5 $\varphi : G_1 \longrightarrow G_2$, $\psi : G_2 \longrightarrow G_3$ を群の間の準同形写像とすれば, 合成写像 $\psi \circ \varphi : G_1 \longrightarrow G_3$ も準同形写像であることを示せ.

3.2 準同形定理

$\varphi : G_1 \longrightarrow G_2$ を群 G_1 から群 G_2 への準同形写像とする. 定理 3.2 と前節の問 2 でのべたように, $\operatorname{Ker} \varphi$ は G_1 の正規部分群, $\operatorname{Im} \varphi = \varphi(G_1)$ は G_2 の

部分群である.これらについて,次の定理が成立する.

> **定理 3.3(準同形定理)** $\varphi: G_1 \longrightarrow G_2$ を群 G_1 から群 G_2 への準同形写像とする.そのとき,剰余群 $\bar{G}_1 = G_1/\mathrm{Ker}\,\varphi$ から G_2 の部分群 $\varphi(G_1)$ への写像
> $$\bar{\varphi}: \bar{G}_1 = G_1/\mathrm{Ker}\,\varphi \longrightarrow \mathrm{Im}\,\varphi = \varphi(G_1)$$
> $$C_a \longmapsto \varphi(a)$$
> は同形写像である.すなわち,
> $$G_1/\mathrm{Ker}\,\varphi \cong \mathrm{Im}\,\varphi.$$

証明 (i) $\bar{\varphi}$ は剰余類の代表元を用いて定義しているが,これは代表元のえらび方には無関係であり,$\bar{\varphi}$ の値は剰余類のみにより定まる.すわなち,$\bar{\varphi}$ は $\bar{G}_1$ から $\varphi(G_1)$ への写像となる.

何となれば: C_a の別の代表元 a' をとると,$a' = an$, $n \in \mathrm{Ker}\,\varphi$. φ を作用させて $\varphi(a') = \varphi(an) = \varphi(a)\varphi(n) = \varphi(a)e_2 = \varphi(a)$.

(ii) $\bar{\varphi}(C_a C_b) = \bar{\varphi}(C_{ab}) = \varphi(ab) = \varphi(a)\varphi(b) = \bar{\varphi}(C_a)\bar{\varphi}(C_b)$.

よって $\bar{\varphi}: \bar{G}_1 \longrightarrow \varphi(G_1)$ は準同形写像.

(iii) $\bar{\varphi}$ は単射である.何となれば: $\bar{\varphi}(C_a) = \bar{\varphi}(C_b) \Longrightarrow \varphi(a) = \varphi(b)$.両辺に $(\varphi(b))^{-1}$ をかければ,定理 3.1 より

左辺 $= (\varphi(b))^{-1}\varphi(a) = \varphi(b^{-1})\varphi(a) = \varphi(b^{-1}a)$, 右辺 $= (\varphi(b))^{-1}\varphi(b) = e_2$.

よって,$\varphi(b^{-1}a) = e_2$. すなわち,$b^{-1}a \in \mathrm{Ker}\,\varphi$. よって $C_a = C_b$.

(iv) $\bar{\varphi}$ は全射である.何となれば: $\varphi(G_1)$ の任意の元 $\varphi(a)$ に対し,$\bar{\varphi}(C_a) = \varphi(a)$. ∎

例 1 0 以外の複素数全体のなす乗法群 $\boldsymbol{C}^*$ から正の実数全体のなす乗法群 $\boldsymbol{R}_1^*$ への写像
$$\varphi: \boldsymbol{C}^* \longrightarrow \boldsymbol{R}_1^*, \qquad z \longmapsto |z|$$
は全準同形写像で,$\mathrm{Ker}\,\varphi = \boldsymbol{T} = \{z \mid |z| = 1\}$. よって,準同形定理より,
$$\boldsymbol{C}^*/\boldsymbol{T} \cong \boldsymbol{R}_1^*.$$

3.2 準同形定理

例2 前に 1.1 節 例 3 および 2.3 節 例 4 で考えた $GL(2, \boldsymbol{R})$ について，
$$\varphi: \quad GL(2, \boldsymbol{R}) \longrightarrow \boldsymbol{R}^*, \qquad a \longmapsto \det(a)$$
を考えれば，これは全準同形写像で，$\mathrm{Ker}\,\varphi = SL(2, \boldsymbol{R})$．よって定理 3.3 より
$$\bar{\varphi}: \quad GL(2, \boldsymbol{R})/SL(2, \boldsymbol{R}) \longrightarrow \boldsymbol{R}^*$$
は同形写像である．2.3 節 例 4 の $\bar{\varphi}$ はこの $\bar{\varphi}$ と同じものである．

例題 1

群 G において，その正規部分群 N と部分群 H を考える．前節の例 3 でのべた自然準同形写像を φ とする．
$$\varphi: \quad G \longrightarrow \bar{G} = G/N, \qquad a \longmapsto aN \quad (=C_a).$$
このとき，写像 φ の定義域を H に制限すれば，H より $\bar{G}$ への準同形写像
$$\varphi_H: \quad H \longrightarrow \bar{G} = G/N, \qquad h \longmapsto hN, \quad (h \in H)$$
ができる．このとき，$\mathrm{Ker}\,\varphi_H = H \cap N$, $\mathrm{Im}\,\varphi_H = \varphi(H) = HN/N$．定理 3.3 より
$$\bar{\varphi}_H: \quad H/(H \cap N) \longrightarrow HN/N, \qquad h(H \cap N) \longmapsto hN$$
は同形写像である．すなわち，
$$H/(H \cap N) \cong HN/N.$$
(これを**同形定理**という．)

証明 (i) H より G への写像
$$\iota: \quad H \longrightarrow G, \qquad h \longmapsto h$$
は準同形写像で，$\varphi_H = \varphi \circ \iota$．準同形写像を重ねたものは準同形写像であるから，$\varphi_H$ も準同形写像．

(ii) $\mathrm{Ker}\,\varphi_H = \{h \mid h \in H, \varphi(h) = \bar{e}\} = H \cap \mathrm{Ker}\,\varphi = H \cap N$．ただし，$\bar{e}$ は $\bar{G} = G/N$ の単位元を表す．

(iii) φ_H の定義より $\mathrm{Im}\,\varphi_H = \varphi(H)$ で，それは H の元 h で代表される剰余類 hN 全体の集合である．すなわち，

$$\mathrm{Im}\,\varphi_H = \varphi(H) = \{hN \mid h \in H\} \subset \bar{G} = G/N.$$

$\bigcup hN = \{hn \mid h \in H, n \in N\} = HN$ より $\varphi(H)$ にぞくする剰余類は HN をその正規部分群 N により類別した剰余類である．よって，それらの剰余類全体の集合として，$\varphi(H) = HN/N$．

(iv) 準同形定理 (定理 3.3) をいまの場合に用いれば，$\bar{\varphi}_H$ は，H の元 h で代表される ($H \cap N$ による) 剰余類 $h(H \cap N)$ に $\varphi_H(h)$ を対応させる写像である．よって，

$$\bar{\varphi}_H: H/(H \cap N) \longrightarrow HN/N, \qquad h(H \cap N) \longmapsto \varphi_H(h) = hN.$$

これが同形写像であるというのが準同形定理である．

例題 2

群 G の正規部分群 N_1, N_2 をとり，$N_1 \supset N_2$ とする．このとき，商群が 2 つできる．G/N_1 と G/N_2 である．その間の写像

$$\varphi: G/N_2 \longrightarrow G/N_1, \qquad aN_2 \longmapsto aN_1$$

を考えれば，φ は全準同形写像であり，$\mathrm{Ker}\,\varphi = N_1/N_2\ (=\bar{N}_1$ と記す)．定理 3.3 より

$$\bar{\varphi}: (G/N_2)/(N_1/N_2) \longrightarrow G/N_1, \qquad (aN_2)\bar{N}_1 \longmapsto aN_1$$

は同形写像である．すなわち，

$$(G/N_2)/(N_1/N_2) \cong G/N_1.$$

(これも**同形定理**とよばれる．これらは 6 章で何度か用いられる)．

証明 (i) φ は剰余類の代表元を用いて定義されているが，これを他の代表元にとりかえても，φ の値は変わらない．

何となれば： a' を aN_2 の他の代表元とすれば，$a' = an_2$, $n_2 \in N_2$．そのとき，$a'N_1 = an_2N_1 = aN_1 (n_2 \in N_2 \subset N_1$ であるから)．

よって，φ の値は代表元のとり方には関係なく，剰余類のみにより定まり，φ は G/N_2 上の写像である．

(ii) $\varphi(aN_2 \cdot bN_2) = \varphi(abN_2) = abN_1$
$\qquad\qquad = aN_1 \cdot bN_1 = \varphi(aN_2)\varphi(bN_2)$．

よって φ は準同形写像である．(上式は，商群 G/N_2 の積の定義，φ の定義，商群

G/N_1 の積の定義, φ の定義を順に用いて変形した.)

(iii) $aN_1 = N_1 \iff a \in N_1$ より
$$\mathrm{Ker}\,\varphi = \{aN_2 \mid \varphi(aN_2) = \bar{e}\} = \{aN_2 \mid aN_1 = N_1\}$$
$$= \{n_1 N_2 \mid n_1 \in N_1\} = N_1/N_2 = \bar{N}_1.$$

(iv) G/N_1 の任意の元 aN_1 に対し, $aN_2 \in G/N_2$ をとれば
$$\varphi(aN_2) = aN_1.$$
よって φ は全射. $\mathrm{Im}\,\varphi = G/N_1$.

(v) 準同形定理をいまの状況に用いれば, $\bar{\varphi}$ は $\mathrm{Ker}\,\varphi$ による aN_2 の剰余類 $(aN_2)\bar{N}_1$ に $\varphi(aN_2) = aN_1$ を対応させるものである. すなわち,
$$\bar{\varphi}:\ (G/N_2)/(N_1/N_2) \longrightarrow G/N_1, \qquad (aN_2)\bar{N}_1 \longmapsto aN_1.$$
これが同形写像であるというのが準同形定理である.

問 1 C^* を 0 以外の複素数全体の乗法群,
$$T = \{z \mid z \in C^*, |z| = 1\},\quad R_1{}^* = \{r \mid r:\text{実数}, r > 0\}$$
とする. そのとき, 次を証明せよ.

(i) $\qquad\qquad \varphi:\ C^* \longrightarrow C^*,\qquad z \longmapsto z/|z|$
は準同形写像である.

(ii) $\qquad\qquad\qquad\qquad C^*/R_1{}^* \cong T.$

問 2 R を実数全体の加群とする. 次を証明せよ.

(i) $\qquad\qquad \varphi:\ R \longrightarrow C^*,\qquad x \longmapsto (\cos 2\pi x + i\sin 2\pi x)$
は準同形写像である.

(ii) $\qquad\qquad\qquad\qquad R/Z \cong T.$

問 3 φ を群 G から群 H への準同形写像, N を G の正規部分群, $\mathrm{Ker}\,\varphi \supset N$ とする. そのとき,
$$\bar{\varphi}:\ \bar{G} = G/N \longrightarrow H,\qquad aN \longmapsto \varphi(a)$$
は商群 $\bar{G}$ から H への準同形写像であることを示せ.

3.3　加群の準同形写像・Hom(A, B)

加群から加群への準同形写像においては, 演算の加法にあわせて記号が多少変わる. 以下, 主なところをのべよう.

> **定義 3.1a** 加群 A_1 より加群 A_2 への写像 $\varphi : A_1 \longrightarrow A_2$ が,A_1 の任意の a_1, b_1 に対して,
> $$\varphi(a_1 + b_1) = \varphi(a_1) + \varphi(b_1)$$
> をみたすとき,φ を A_1 から A_2 への準同形写像という.

これは定義 3.1 において,$\circ, \triangle$ を A_1, A_2 の演算の + に書きかえたものに過ぎない.

$\varphi : A_1 \longrightarrow A_2$ を加群 A_1 から加群 A_2 への準同形写像とするとき,

> **定理 3.1a**　$\varphi(0_1) = 0_2, \quad \varphi(-a_1) = -\varphi(a_1).$

> **定理 3.2a**　$\operatorname{Ker} \varphi = \{a_1 \mid a_1 \in A_1,\ \varphi(a_1) = 0_2\}$ は A_1 の部分加群.
> ただし,0_1 は A_1 の零元,0_2 は A_2 の零元とする.

全 (単) 準同形写像,同形写像,自己同形写像は演算の記号が + になるだけで定義は同じ.

準同形定理 3.3 も剰余群が剰余加群になるだけである.

例 1　m を 0 でない整数とする.
$$\varphi : \boldsymbol{Z} \longrightarrow \boldsymbol{Z}, \qquad k \longmapsto mk$$
は単準同形写像.$\operatorname{Im} \varphi = (m) = \{mk \mid k \in \boldsymbol{Z}\}$.

> **─ 例題 1 ─**
>
> A, B を加群とする.A から B への準同形写像全体の集合
> $$\operatorname{Hom}(A, B) = \{\sigma \mid \sigma : A \longrightarrow B\ \text{準同形}\}$$
> を考える.$\operatorname{Hom}(A, B)$ の元 σ, τ の和 $\sigma + \tau$ を
> $$(\sigma + \tau)(a) = \sigma(a) + \tau(a) \tag{1}$$
> と定義すれば,これは $\operatorname{Hom}(A, B)$ 上の演算となり,$\operatorname{Hom}(A, B)$ はこの演算により加群となる.

3.3 加群の準同形写像・$\mathrm{Hom}(A,B)$

証明 定理 1.1a の条件をみたすことをたしかめる.

(i) 2項演算の存在: $\sigma, \tau \in \mathrm{Hom}(A,B)$ に対し, (1) で定義した $\sigma+\tau$ は A から B への写像である. さらに, $a, a' \in A$ に対し,

$$\begin{aligned}(\sigma+\tau)(a+a') &= \sigma(a+a') + \tau(a+a') &&\text{(和の定義 (1) より)} \\ &= \sigma(a) + \sigma(a') + \tau(a) + \tau(a') &&\text{(σ,τ は準同形)} \\ &= \sigma(a) + \tau(a) + \sigma(a') + \tau(a') &&\text{(B での和の可換性)} \\ &= (\sigma+\tau)(a) + (\sigma+\tau)(a') &&\text{(和の定義 (1) より)}\end{aligned}$$

よって, $\sigma+\tau \in \mathrm{Hom}(A,B)$. したがって, (1) により定まる σ と τ の和は集合 $\mathrm{Hom}(A,B)$ 上の2項演算である.

(ii) 結合法則: $\sigma, \tau, \rho \in \mathrm{Hom}(A,B)$ とする. 任意の $a \in A$ に対し, 和の定義 (1) より

$$((\sigma+\tau)+\rho)(a) = (\sigma+\tau)(a) + \rho(a) = (\sigma(a)+\tau(a)) + \rho(a),$$
$$(\sigma+(\tau+\rho))(a) = \sigma(a) + (\tau+\rho)(a) = \sigma(a) + (\tau(a)+\rho(a)).$$

2式の右辺は加群 B における和であるから等しい. よって

$$(\sigma+\tau)+\rho = \sigma+(\tau+\rho).$$

可換法則: $\sigma, \tau \in \mathrm{Hom}(A,B)$ とする. 任意の $a \in A$ に対し, 和の定義 (1) より

$$(\sigma+\tau)(a) = \sigma(a) + \tau(a), \qquad (\tau+\sigma)(a) = \tau(a) + \sigma(a)$$

2式の右辺は, 加群 B における和が可換であるから, 等しい. よって

$$\sigma+\tau = \tau+\sigma.$$

(iii) 零元の存在: A より B への写像

$$\rho_0 : A \longrightarrow B, \qquad a \longmapsto 0$$

は加群 A から加群 B への準同形写像である.

何となれば, 任意の $a, a' \in A$ に対し

$$\rho_0(a+a') = 0, \qquad \rho_0(a) + \rho_0(a') = 0+0 = 0.$$

一方, 任意の $\sigma \in \mathrm{Hom}(A,B)$ をとれば, 任意の $a \in A$ に対し

$$(\rho_0+\sigma)(a) = \rho_0(a) + \sigma(a) = 0 + \sigma(a) = \sigma(a)$$

よって,

$$\rho_0 + \sigma = \sigma.$$

(iv) $\sigma \in \mathrm{Hom}(A,B)$ の逆元の存在： A より B への写像
$$^{-}\sigma: \quad A \longrightarrow B, \qquad a \longmapsto -(\sigma(a)) \tag{2}$$
は加群 A より加群 B への準同形写像である．$(-(\sigma(a))$ は B の元 $\sigma(a)$ の逆元.)

何となれば，任意の $a, a' \in A$ に対し

$$\begin{aligned}
^{-}\sigma(a+a') &= -(a(a+a')) = -(\sigma(a)+\sigma(a')) \qquad (^{-}\sigma \text{ の定義 (2)}, \sigma \text{ が準同形}) \\
&= -(\sigma(a)) + (-(\sigma(a'))) = {}^{-}\sigma(a) + {}^{-}\sigma(a').((1), B \text{ での逆元計算と (2)})
\end{aligned}$$

一方，任意の $a \in A$ に対し，(1), (2)，加群 B での計算，ρ_0 の定義より

$$(^{-}\sigma + \sigma)(a) = {}^{-}\sigma(a) + \sigma(a) = -(\sigma(a)) + \sigma(a) = 0 = \rho_0(a).$$

よって，

$$^{-}\sigma + \sigma = \rho_0.$$

注意 (2) で定義した $^{-}\sigma$ を通常 $-\sigma$ と書く．

例題 2

A_1, A_2, B を加群，$\varphi: A_1 \longrightarrow A_2$ を準同形写像とする．そのとき，

$$\tilde{\varphi}: \quad \mathrm{Hom}(A_2, B) \longrightarrow \mathrm{Hom}(A_1, B)$$
$$\sigma \longmapsto \sigma \circ \varphi \tag{3}$$

は $\mathrm{Hom}(A_2, B)$ から $\mathrm{Hom}(A_1, B)$ への準同形写像である．

証明 $\sigma \in \mathrm{Hom}(A_2, B)$ に対し $\sigma \circ \varphi$ は，準同形写像 $\varphi: A_1 \longrightarrow A_2$ と $\sigma: A_2 \longrightarrow B$ の合成であるから，準同形写像 $A_1 \longrightarrow B$ である．よって

$$\sigma \circ \varphi \in \mathrm{Hom}(A_1, B).$$

$\sigma, \tau \in \mathrm{Hom}(A_2, B)$ とすれば，任意の $a_1 \in A_1$ に対し，

$$\begin{aligned}
(\tilde{\varphi}(\sigma+\tau))(a_1) &= ((\sigma+\tau) \circ \varphi)(a_1) = (\sigma+\tau)(\varphi(a_1)) & ((3) \text{ と合同の定義}) \\
&= \sigma(\varphi(a_1)) + \tau(\varphi(a_1)) & (\text{和の定義 (1)}) \\
&= (\tilde{\varphi}(\sigma))(a_1) + (\tilde{\varphi}(\tau))(a_1) & (\tilde{\varphi} \text{ の定義 (3)}) \\
&= (\tilde{\varphi}(\sigma) + \tilde{\varphi}(\tau))(a_1) & (\text{和の定義 (1)}).
\end{aligned}$$

よって，

$$\tilde{\varphi}(\sigma + \tau) = \tilde{\varphi}(\sigma) + \tilde{\varphi}(\tau).$$

3.3 加群の準同形写像・Hom(A, B)

例題 3

A, B_1, B_2 を加群, $\psi: B_1 \longrightarrow B_2$ を準同形写像とする. そのとき,

$$\tilde{\psi}: \mathrm{Hom}(A, B_1) \longrightarrow \mathrm{Hom}(A, B_2)$$
$$\sigma \longmapsto \psi \circ \sigma \tag{4}$$

は $\mathrm{Hom}(A, B_1)$ から $\mathrm{Hom}(A, B_2)$ への準同形写像である.

証明 $\sigma \in \mathrm{Hom}(A, B_1)$ に対し, $\psi \circ \sigma$ は, 準同形写像 $\sigma: A \longrightarrow B_1$ と $\psi: B_1 \longrightarrow B_2$ の合成であるから, 準同形写像 $A \longrightarrow B_2$ である. よって,

$$\psi \circ \sigma \in \mathrm{Hom}(A, B_2).$$

$\sigma, \tau \in \mathrm{Hom}(A, B_1)$ とすれば, 任意の $a \in A$ に対し,

$$\begin{aligned}
(\tilde{\psi}(\sigma+\tau))(a) &= (\psi \circ (\sigma+\tau))(a) = \psi((\sigma+\tau)(a)) && ((4) \text{と合成の定義}) \\
&= \psi(\sigma(a) + \tau(a)) && (\text{和の定義 } (1)) \\
&= \psi(\sigma(a)) + \psi(\tau(a)) && (\psi \text{が準同形}) \\
&= (\psi \circ \sigma)(a) + (\psi \circ \tau)(a) && (\text{合成の定義}) \\
&= (\tilde{\psi}(\sigma))(a) + (\tilde{\psi}(\tau))(a) && (\tilde{\psi} \text{の定義 } (4)) \\
&= (\tilde{\psi}(\sigma) + \tilde{\psi}(\tau))(a) && (\text{和の定義 } (1))
\end{aligned}$$

よって
$$\tilde{\psi}(\sigma+\tau) = \tilde{\psi}(\sigma) + \tilde{\psi}(\tau).$$

問 1 $\boldsymbol{Q}$ を有理数全体の加群とする.

(i) r を 0 でない有理数とするとき,

$$\varphi_r: \boldsymbol{Q} \longrightarrow \boldsymbol{Q}, \qquad x \longmapsto rx$$

は $\boldsymbol{Q}$ の自己同形写像であることを示せ.

(ii) 逆に, $\varphi: \boldsymbol{Q} \longrightarrow \boldsymbol{Q}$ を $\boldsymbol{Q}$ の自己同形写像とすれば, 0 でないある有理数 r が存在して, $\varphi = \varphi_r$ となることを示せ.

問 2 (i) $\varphi: \boldsymbol{Z} \longrightarrow \boldsymbol{Z}$ を加群 $\boldsymbol{Z}$ から $\boldsymbol{Z}$ への準同形写像とすれば, ある整数 m が存在して, $\varphi: \boldsymbol{Z} \longrightarrow \boldsymbol{Z}, k \longmapsto mk$ であることを示せ. この φ を φ_m で表す.

(ii) $\Psi: \mathrm{Hom}(\boldsymbol{Z}, \boldsymbol{Z}) \longrightarrow \boldsymbol{Z}, \varphi_m \longmapsto m$ は加群 $\mathrm{Hom}(\boldsymbol{Z}, \boldsymbol{Z})$ から加群 $\boldsymbol{Z}$ への同形写像であることを示せ.

問 3 n を 0 でない整数とする. 問 2 と同様にして, $\mathrm{Hom}(\boldsymbol{Z}/(n), \boldsymbol{Z}), \mathrm{Hom}(\boldsymbol{Z}, \boldsymbol{Z}/(n))$ がどのような加群に同形であるかをしらべよ.

問 4 例題 2 において, $\varphi: A_1 \longrightarrow A_2$ が全準同形ならば,

$$\tilde{\varphi}: \mathrm{Hom}(A_2, B) \longrightarrow \mathrm{Hom}(A_1, B)$$

は単準同形であることを示せ.

問5 例題 3 において, $\psi : B_1 \longrightarrow B_2$ が単準同形ならば,

$$\tilde{\psi}: \mathrm{Hom}(A, B_1) \longrightarrow \mathrm{Hom}(A, B_2)$$

も単準同形であることを示せ.

演習問題

1 G をアーベル群, k を整数とする. そのとき, 写像

$$\varphi: G \longrightarrow G, \qquad x \longmapsto x^k$$

は準同形写像であることを示せ. さらに, G の位数を n, k が n と素であるとすれば, φ は同形写像であることを証明せよ.

2 1 章 演習問題 1 の群 G から 0 以外の複素数全体の乗法群 C^* への写像

$$\begin{aligned}\Phi: & G \longrightarrow C^*, & \varphi_{\alpha,\beta} \longmapsto \alpha \\ \Psi: & G \longrightarrow C^*, & \varphi_{\alpha,\beta} \longmapsto |\alpha|\end{aligned}$$

はともに準同形写像であることを示せ. また, $\mathrm{Ker}\,\Phi$, $\mathrm{Ker}\,\Psi$ を求めよ.

3 H を有限群 G の部分群, N を G の正規部分群とする. N の位数 $|N|$ と指数 $(G:N)$ とが互いに素, $|H|$ が $|N|$ の約数であるとする. このとき, $H \subset N$ であることを証明せよ.

4 $A(G)$ を群 G の自己同形群とし, $A_0(G)$ を G の内部自己同形写像全体の集合とする. そのとき, 次のことを証明せよ.

(i) $A_0(G)$ は $A(G)$ の正規部分群である.

(ii) $$\varphi: G \longrightarrow A_0(G), \qquad a \longmapsto \sigma_a$$

は全準同形写像である (3.1 節 例 5).

(iii) G の中心を $Z(G)$ とすれば, $G/Z(G) \cong A_0(G)$.

5 (i) 位数 5 の群 K について, 自己同形群 $A(K)$ を求めよ.

(ii) 位数 15 の群 G において, 位数 5 の部分群を K とする. K は正規部分群である (2 章 演習問題 7). これを利用して, G がアーベル群であることを証明せよ.

4 直積・アーベル群

　素因数に分解した整数の積は各素因数の積により定まるが，群 G における積の計算も，いくつかの部分群での積により決定されることがある．それは G がそれらの部分群の直積に分解されているときである．

　とくに元数有限の生成系をもつアーベル群は巡回部分群の直積に分解される．巡回群の構造は位数により定まるから，これらの巡回部分群の位数が示されれば，このアーベル群の構造は決定される．

4.1 定義と基本性質

定義 4.1　　$H_1, \ldots, H_r$ を群 G の部分群とする．G において：

(1) 任意の元 a が H_i の元の積に分解される．

$$a = a_1 a_2 \cdots a_r, \qquad a_i \in H_i.$$

(2) 各 a に対し，H_i の元の積への分解は 1 通りである．

$$a = a_1 a_2 \cdots a_r = a_1' a_2' \cdots a_r', \quad (a_i, a_i' \in H_i) \Longrightarrow a_i = a_i'.$$

(3) 任意の元 $a = a_1 a_2 \cdots a_r,\ b = b_1 b_2 \cdots b_r,\ \ (a_i, b_i \in H_i)$ に対し

$$ab = (a_1 b_1)(a_2 b_2) \cdots (a_r b_r).$$

この 3 条件が成り立つとき，

$$G = H_1 \times \cdots \times H_r$$

と書き，G の **直積分解** という．

例 1　　0 でない複素数全体の乗法群 $\boldsymbol{C}^*$ は $\boldsymbol{C}^* = \boldsymbol{R_1}^* \times \boldsymbol{T}$ と分解される．ここで，$\boldsymbol{R_1}^* = \{x \mid x：実数, x > 0\}$, $\boldsymbol{T} = \{z \mid z \in \boldsymbol{C}^*, |z| = 1\}$.

事実，任意の $z \in \boldsymbol{C}^*$ は

$$z = |z|(\cos\theta + i\sin\theta), \qquad (|z| \in \boldsymbol{R}_1{}^*,\ \cos\theta + i\sin\theta \in \boldsymbol{T})$$

と一意に表され，$\boldsymbol{C}^*$ における乗法は可換である．

定理 4.1 $\qquad G = H_1 \times \cdots \times H_r$

を群 G の部分群 H_i への直積分解とする．そのとき，

(i)　$a = a_1 \cdots a_r\ (a_i \in H_i)$ の逆元は

$$a^{-1} = a_1{}^{-1} a_2{}^{-1} \cdots a_r{}^{-1}.$$

(ii)　H_k は G の正規部分群である．

(iii)　相異なる k, j に対し，

$$H_k \cap H_j = \{e\}$$

で，H_k の元と H_j の元とは可換である．

証明　(i)　直積分解の定義 4.1 の (3) より

$$(a_1{}^{-1} a_2{}^{-1} \cdots a_r{}^{-1})(a_1 a_2 \cdots a_r) = (a_1{}^{-1} a_1)(a_2{}^{-1} a_2) \cdots (a_r{}^{-1} a_r) = e.$$

(ii)　H_k の元 b_k に対し，

$$b_k = b_1{}' \cdots b_r{}', \qquad (b_k{}' = b_k \in H_k,\ b_i{}' = e \in H_i (i \neq k))$$

は H_i の元の積への分解である．

G の任意の元 $a = a_1 \cdots a_r\ (a_i \in H_i)$ に対し，定義 4.1 の (3) より

$$\begin{aligned}
a b_k a^{-1} &= (a_1 \cdots a_{k-1} a_k a_{k+1} \cdots a_r)(e \cdots e b_k e \cdots e) \\
&\qquad \times (a_1{}^{-1} \cdots a_{k-1}{}^{-1} a_k{}^{-1} a_{k+1}{}^{-1} \cdots a_r{}^{-1}) \\
&= (a_1 e a_1{}^{-1}) \cdots (a_{k-1} e a_{k-1}{}^{-1}) \\
&\qquad \times (a_k b_k a_k{}^{-1})(a_{k+1} e a_{k+1}{}^{-1}) \cdots (a_r e a_r{}^{-1}) \\
&= e \cdots e (a_k b_k a_k{}^{-1}) e \cdots e = a_k b_k a_k{}^{-1} \in H_k.
\end{aligned}$$

よって，H_k は G の正規部分群である．

(iii) 相異なる k, j に対して, $a \in H_k \cap H_j$ とする. (ii) で示したように,

$$a = a_1'\cdots a_r', \qquad a_k' = a, \quad a_i' = e \quad (i \neq k)$$

$$a = a_1''\cdots a_r'', \qquad a_j'' = a, \quad a_i'' = e \quad (i \neq j)$$

は H_i の元の積への分解である. 1つの元 a の分解が 1 通りであるから, k 番目の項を比較して $a = a_k' = a_k'' = e$. よって, $H_k \cap H_j = \{e\}$.

$a_k \in H_k$, $a_j \in H_j$ とすれば, H_k, H_j が正規部分群であるから

$$a_k a_j a_k^{-1} a_j^{-1} = (a_k a_j a_k^{-1}) a_j^{-1} = a_k (a_j a_k^{-1} a_j^{-1}) \in H_k \cap H_j = \{e\}.$$

よって $a_k a_j a_k^{-1} a_j^{-1} = e$ で $a_k a_j = a_j a_k$. ∎

注意 (iii) は H_k の 2 元 a_k, b_k が可換ということではない.

直積に分解されることをたしかめるのに, 定義 4.1 の条件 (2) の代わりに, 少し弱めた次の (2e) を用いることもある.

定理 4.2 群 G と部分群 $H_1, \ldots, H_r$ において,
(1) 任意の $a \in G$ が $a = a_1 \cdots a_r$ $(a_i \in H_i)$ と表され,
(2e) $e = c_1 \cdots c_r$ $(c_i \in H_i) \Longrightarrow c_i = e$,
(3) $a = a_1 \cdots a_r$, $b = b_1 \cdots b_r$ $(a_i, b_i \in H_i)$ とすれば

$$ab = (a_1 b_1) \cdots (a_r b_r)$$

が成り立つとき,

$$G = H_1 \times \cdots \times H_r$$

である.

証明 (1), (3) は定義 4.1 の (1), (3) そのままである. いま, $a \in G$ に対し

$$a = a_1 \cdots a_r = a_1' \cdots a_r', \qquad (a_i, a_i' \in H_i)$$

であるとする. 両辺に a^{-1} をかける. (3) より $a^{-1} = a_1^{-1} \cdots a_r^{-1}$. これと (3) より,

$$e = a^{-1}a = (a_1^{-1}\cdots a_r^{-1})(a_1{'}\cdots a_r{'}) = (a_1^{-1}a_1{'})\cdots(a_r^{-1}a_r{'}).$$

(2e) より, $a_i^{-1}a_i{'} = e$, $a_i{'} = a_i$. ∎

2 つの部分群への直積分解については, 次の条件もよく用いられる.

> **定理 4.3** 群 G が部分群 H_1, H_2 の直積に分解されるための必要十分条件は
> (1′)　H_1, H_2 は G の正規部分群,
> (2′)　$H_1 H_2 = G$,
> (3′)　$H_1 \cap H_2 = \{e\}$
> の成り立つことである.

証明　(イ)　$G = H_1 \times H_2$
のとき, (1′), (3′) の成り立つことは, 定理 4.1 の (ii), (iii). 一方, 定義 4.1 の (1) より, 任意の $a \in G$ は $a = a_1 a_2$ $(a_i \in H_i)$ の形. よって, $H_1 H_2 = G$.

(ロ)　群 G の部分群 H_1, H_2 に対して, (1′), (2′), (3′) が成り立つとする.

(1)　$G = H_1 H_2 = \{a_1 a_2 \mid a_i \in H_i\}$ より, 任意の $a \in G$ に対し,

$$a = a_1 a_2, \qquad (a_i \in H_i).$$

(2)　G の元 a に対し, $a = a_1 a_2 = a_1{'} a_2{'}$ $(a_i, a_i{'} \in H_i)$ とすれば,

$$(a_1{'})^{-1} a_1 = a_2{'} a_2^{-1} \in H_1 \cap H_2 = \{e\}$$

より, $(a_1{'})^{-1} a_1 = a_2{'} a_2^{-1} = e$. よって, $a_1 = a_1{'}$, $a_2 = a_2{'}$.

(3)　$a_1 \in H_1$, $a_2 \in H_2$ とすれば, $a_1 a_2 = a_2 a_1$.

何となれば, $a_1 a_2 a_1^{-1} a_2^{-1} = a_1(a_2 a_1^{-1} a_2^{-1}) = (a_1 a_2 a_1^{-1}) a_2^{-1} \in H_1 \cap H_2 = \{e\}$ より, $a_1 a_2 a_1^{-1} a_2^{-1} = e$, よって, $a_1 a_2 = a_2 a_1$.

G の任意の元 $a = a_1 a_2$, $b = b_1 b_2$ $(a_i, b_i \in H_i)$ に対して,

$$ab = a_1 a_2 b_1 b_2 = a_1 b_1 a_2 b_2. \blacksquare$$

例 2　上の例 1 でのべた $\boldsymbol{C}^*$ と $\boldsymbol{T}, \boldsymbol{R}_1^*$ に対して, (1′),(2′),(3′) の成り立つことは直接確かめられる.

4.1 定義と基本性質

($1'$)　$G = \boldsymbol{C}^*$ はアーベル群であるから, 部分群はすべて正規である.
($2'$)　複素数の極表示.
($3'$)　$\boldsymbol{R_1}^* \cap \boldsymbol{T} = \{1\}$.

例3　S_4 の部分群 $\{I, (1\ 2)(3\ 4), (1\ 4)(2\ 3), (1\ 3)(2\ 4)\} = G$ において, 部分群 $H_1 = \{I, (1\ 2)(3\ 4)\}, H_2 = \{I, (1\ 4)(2\ 3)\}$ を考える. G はアーベル群であるから, H_1, H_2 は正規, ($1'$) が成立.

$(1\ 2)(3\ 4)\cdot(1\ 4)(2\ 3) = (1\ 3)(2\ 4)$ より, ($2'$) が成立. また, 明らかに, $H_1 \cap H_2 = \{I\}$. よって, $G = H_1 \times H_2$.

例題 1

$H_1, \ldots, H_r, K$ を群 G の部分群, $H_2, \ldots, H_r \subset K$ で,

$$G = H_1 \times K, \qquad K = H_2 \times \cdots \times H_r$$

であるとする. そのとき,

$$G = H_1 \times H_2 \times \cdots \times H_r$$

である.

証明　(1)　G の任意の元 a は $a = h_1 k,\ h_1 \in H,\ k \in K$ の形で, K の元 k は $k = h_2 \cdots h_r,\ h_i \in H_i$ の形である. よって, $a = h_1 h_2 \cdots h_r,\ h_i \in H_i$.

(2)　$a = h_1 h_2 \cdots h_r = h_1' h_2' \cdots h_r',\ h_i, h_i' \in H_i$ とすれば,

$$a = h_1 k = h_1' k', \qquad (ただし,\ k = h_2 \cdots h_r,\ k' = h_2' \cdots h_r' \in K).$$

$G = H_1 \times K$ であるから, G の元の分解の一意性 (定義 4.1 の (2)) より

$$h_1 = h_1', \qquad k = h_2 \cdots h_r = k' = h_2' \cdots h_r', \qquad (h_i \in H_i).$$

$K = H_2 \times \cdots \times H_r$ であるから, K の元の分解の一意性より

$$h_2 = h_2', \ldots, h_r = h_r'.$$

(3)　$a = h_1 h_2 \cdots h_r,\ b = f_1 f_2 \cdots f_r\ (h_i, f_i \in H_i)$ とする. $G = H_1 \times K$ であるから, 定義 4.1 の (3) より

$$ab = (h_1 f_1)((h_2 \cdots h_r)(f_2 \cdots f_r)).$$

$K = H_2 \times \cdots \times H_r$ であるから, 同様に

$$(h_2\cdots h_r)(f_2\cdots f_r) = (h_2f_2)\cdots(h_rf_r).$$

よって，
$$ab = (h_1f_1)(h_2f_2)\cdots(h_rf_r).$$

例 4 群 $G_1,\cdots,G_r$ に対して，G_i の元を i 成分とする組全体の集合
$$\tilde{G} = \{(a_1,\ldots,a_r) \mid a_i \in G_i\}$$
を考える．$\tilde{G}$ の元の積を
$$(a_1,\ldots,a_r)(b_1,\ldots,b_r) = (a_1b_1,\ldots,a_rb_r)$$
と定義すれば，これは $\tilde{G}$ 上の 2 項演算となり，$\tilde{G}$ はこの演算により群をなす．G_i の単位元を e_i とすれば，$\tilde{G}$ の単位元は $\tilde{e}$ は
$$\tilde{e} = (e_1,\ldots,e_r)$$
である．また，G_i の元 a_i の逆元を $a_i{}^{-1}$ とすれば，
$$(a_1,\ldots,a_r)^{-1} = (a_1{}^{-1},\ldots,a_r{}^{-1}).$$
この $\tilde{G}$ を $G_1,\ldots,G_r$ の**直積**(または**外部直積**) という．

さて，群 G が部分群 $H_1,\ldots,H_r$ の直積に分解されるとき，$H_1,\ldots,H_r$ の外部直積 $\tilde{H}$ をつくれば，$\tilde{H} \cong G$ である．事実，
$$\varphi: \tilde{H} \longrightarrow G, \qquad (a_1,\ldots,a_r) \longmapsto a_1\cdots a_r$$
が同形写像である．このことから，$\tilde{G}$ も $G_1 \times \cdots \times G_r$ と表す．

問 1 位数 12 の巡回群 $\langle a \rangle$ が次のように直積に分解されることを示せ．
$$\langle a \rangle = \langle a^3 \rangle \times \langle a^4 \rangle.$$

問 2 $GL(2,\boldsymbol{R})$ において，$H_1 = SL(2,\boldsymbol{R})$,
$$H_2 = \left\{ \begin{bmatrix} r & 0 \\ 0 & r \end{bmatrix} \,\middle|\, r \in \boldsymbol{R}_1{}^* \right\}$$
とすれば，$GL(2,\boldsymbol{R}) \supset H_1 \times H_2$ であることを示せ．

なお，$H_2 \cong \boldsymbol{R}_1{}^*$ である．

問 3 例 4 の φ が同形写像であることを確かめよ．

問 4 $G = H_1 \times H_2$ とする．
(i)　$\pi_1: G \longrightarrow H_1, \ a_1a_2 \longmapsto a_1$ は全準同形写像であることを示せ．
(ii)　$G/H_2 \cong H_1$ を示せ．

4.2 有限アーベル群

有限アーベル群は巡回部分群の直積に分解される．これを証明するために，まず，元の位数についての性質を準備する．

補題 1

群 G の元 a の位数が mn ならば，a^n の位数は m．

証明 $(a^n)^m = a^{mn} = e$ より，a^n の位数 $\leqq m$．一方，$0 < k < m$ に対し，$(a^n)^k = e$ とすれば，$a^{nk} = e$ より，a の位数 $\leqq nk < nm$ となり矛盾． ∎

補題 2

アーベル群 G において，a, b の位数をそれぞれ m, n とし，m と n とが互いに素とすれば，

$$ab \text{ の位数} = mn$$

である．

証明 まず，$\langle a \rangle \cap \langle b \rangle = \{e\}$ である．何となれば，$c \in \langle a \rangle \cap \langle b \rangle$ とすれば，定理 2.7 より，c の位数は a, b の位数の公約数．m と n が互いに素であるから，c の位数 $= 1$，$c = e$．

いま，$(ab)^k = e$ とすれば，$(ab)^k = a^k b^k = e$ より

$$a^k = b^{-k} \in \langle a \rangle \cap \langle b \rangle = \{e\}.$$

よって，$a^k = e$, $b^k = e$．よって，k は m と n の公倍数．m と n が互いに素であるから，k は mn の倍数．

一方，$(ab)^{mn} = (a^m)^n (b^n)^m = e$．よって，$ab$ の位数 $= mn$． ∎

補題 3

アーベル群 G において，a_i の位数を n_i とし，$n_1, \cdots, n_r$ が互いに素であるとすれば，$a_1 \cdots a_r$ の位数 $= n_1 \cdots n_r$．

証明 補題 2 をくり返して用いればよい． ∎

補題 4

有限アーベル群 G において,すべての元の位数の最小公倍数を m とすれば,位数が m の元 $a \in G$ が存在する.
また,任意の $b \in G$ に対して,$b^m = e$ である.

証明 任意の $b \in G$ に対し,b の位数を k とすれば,$m = kl$. よって,$b^m = (b^k)^l = e$.

m の素因子の 1 つを p,$m = p^\alpha m_0$,m_0 は p と素であるとする.そのとき,位数が $p^\alpha k$ (k は p と素) であるような $g \in G$ が存在する.$b = g^k$ の位数は,補題 1 より,p^α である.

したがって,$m = p^\alpha q^\beta \cdots r^\gamma$ を m の素因数分解とするとき,各素因数の成分 $p^\alpha, q^\beta, \ldots, r^\gamma$ を位数にする元 $b, c, \ldots, d$ が存在する.そこで,

$$a = bc\cdots d$$

とおけば,補題 3 より,a の位数 $= p^\alpha q^\beta \cdots r^\gamma = m$. ∎

話が少し横に外れるが,この補題 4 の応用例をのべよう.

例題 1

n を自然数とする.(可換)体 F において*,$X^n - 1 = 0$ の解全体の集合を U_n とする.

$$U_n = \{\zeta \mid \zeta \in F,\ \zeta^n - 1 = 0\}.$$

これは,F の乗法群 $F^\times$ の部分群で,位数は n 以下である**.
U_n のすべての元の位数の最小公倍数を m とするとき,補題 4 より,位数 m の元 $\xi \in U_n$ が存在し,任意の $\zeta \in U_n$ に対し,$\zeta^m = 1$. このとき,

$$U_n = \langle \xi \rangle = \{1, \xi, \xi^2, \ldots, \xi^{m-1}\}.$$

---

* 体については付録 3 参照.
** n 次方程式の解は n 個以下である.これは,通常のように,因数定理と多項式の素因子分解の一意性から証明できる.

4.2 有限アーベル群

証明 上でのべたように，U_n の元は $X^m - 1 = 0$ の解である．$\langle \xi \rangle$ の元数が m であるから，もし $U_n \supsetneq \langle \xi \rangle$ ならば，U_n の元数 $> m$ となり，m 次方程式 $X^m - 1 = 0$ が m 個より多い解をもち，矛盾となる．

例1 とくに，F を元数 q の有限体とすれば，$F^\times$ が有限アーベル群，位数 $q - 1$．定理 2.7 より，$F^\times = U_{q-1}$．よって，位数 $q-1$ の元 ξ が存在して，

$$F^\times = \langle \xi \rangle = \langle 1, \xi, \xi^2, \ldots, \xi^{q-2} \rangle.$$

話をもとへもどして：

> **定理 4.4** 有限アーベル群 G は巡回部分群の直積に分解される*.

証明 G の位数 n に関する帰納法を用いる．$n = 1$ のとき，$G = \langle e \rangle$ で定理は成り立つ．n より小さい位数の群について，定理は正しいとする．

G の元すべての位数の最小公倍数を m とすると，補題 4 より，位数 m の元 a が G 内に存在する．$\langle a \rangle \cap H = \{e\}$ をみたす部分群 H のうち位数が最大のものをとる．このとき，$G = \langle a \rangle H$，したがって $G = \langle a \rangle \times H$ となることを示す．$G \neq \langle a \rangle H$ と仮定し，$b \notin \langle a \rangle H$ とする．剰余群 $G/\langle a \rangle H$ における b の剰余類 $\bar{b}$ の位数を k とすれば，$b^m = e$ より m は k の倍数で，

$$b^k = a^s h, \qquad h \in H. \tag{1}$$

両辺を m/k 乗して，

$$e = a^{ms/k} h^{m/k} \quad \therefore \quad a^{ms/k} = h^{-m/k} \in \langle a \rangle \cap H = \{e\} \quad \therefore \quad a^{ms/k} = e.$$

a の位数が m であるから，ms/k は m の倍数，$ms/k = mt$ (t : 整数)．このとき，$s = kt$．いま，$c = ba^{-t}$ とおけば，(1) より

$$c^k = h \, (\in H). \tag{2}$$

また，$c \equiv b \pmod{\langle a \rangle H}$ であるから，c の属する剰余類 $\bar{c} (= \bar{b}) \in G/\langle a \rangle H$ の位数も k である．このとき，$\langle a \rangle \cap \langle c \rangle H = \{e\}$ である．実際，$x \in \langle a \rangle \cap \langle c \rangle H$

---

* これは元数有限の生成系をもつアーベル群にも成立し，**アーベル群の基本定理**とよばれる (4.5 節参照)．

ならば,
$$x = a^i = c^j h', \qquad h' \in H. \tag{3}$$
ゆえに, $c^j = a^i h'^{-1} \in \langle a \rangle H$ より, j は k の倍数であるから, (2) より $c^j \in H$. したがって, (3) より $x \in \langle a \rangle \cap H = \{e\}$ ∴ $x = e$. $\langle a \rangle \cap \langle c \rangle H = \{e\}$ が示された. $c \notin H$ であるから, $|\langle c \rangle H| > |H|$. これは H の選び方に矛盾する.

以上より, $G = \langle a \rangle \times H$. $|H| < |G|$ であるから, 帰納法の仮定より, H は (したがって G も) 巡回部分群の直積に分解される. ■

例題 2

m を正の整数とする. 整数全体の加群 $\mathbf{Z}$ を部分加群 (m) により類別すれば, その剰余類は
$$C_0, C_1, C_2, \ldots, C_{m-1}$$
である. いま, 剰余類 C_i と C_j の積を
$$C_i C_j = C_{ij}$$
と定義すれば, これは剰余類 C_i, C_j の代表元 i, j のえらび方に無関係で, 剰余類全体の集合 $\mathbf{Z}/(m) = \{C_0, C_1, \ldots, C_{m-1}\}$ 上の 2 項演算となる*. いま, $\mathbf{Z}/(m)$ の部分集合
$$(\mathbf{Z}/(m))^{\times} = \{C_i \mid i \text{ が } m \text{ と素}\}$$
を考えれば, これは上の演算によりアーベル群となる.

証明 結合法則と可換法則は代表元の積について成立しているから, 類の積についても成り立つ. 単位元は C_1.

C_i の逆元の存在: i が m と素であるから, 2.4 節 問 4 に出したように,
$$ik + ml = 1$$
をみたす整数 k, l が存在する. このとき, k も m と素であるから $C_k \in (\mathbf{Z}/(m))^{\times}$. 一方, $C_i C_k = C_{ik} = C_{1-ml} = C_1$. よって, $C_k = C_i^{-1}$.

---
* $\mathbf{Z}/(m)$ は環であり, $\mathbf{Z}$ の (m) による**剰余類環**とよばれる (付録 3).

4.2 有限アーベル群

例 2 $m = 16$ とする.
$$(\boldsymbol{Z}/(16))^\times = \{C_{2n+1} \mid n = 0, 1, \ldots, 7\}$$
は位数 8 のアーベル群で,
$$= \langle C_3 \rangle \times \langle C_7 \rangle$$
と分解する. $\langle C_3 \rangle, \langle C_7 \rangle$ の位数はそれぞれ 2, 4 である.

例題 3

有限アーベル群 G の位数が素数 p で割り切れれば, G は位数 p の部分群をもつ.

証明 G を巡回部分群の直積に分解し
$$G = \langle a_1 \rangle \times \cdots \times \langle a_r \rangle$$
とする. G の位数 $|G| = \prod |\langle a_i \rangle|$ であるから, a_i の位数 m_i のうち少なくとも 1 つは p の倍数, $k = m_i/p$ とおけば, 補題 1 より a_1^k は位数 p である.

これをくり返して次の結果がでる.

有限アーベル群 G において, G の位数の任意の約数を m とすれば, G は位数 m の部分群をもつ.

例題 4

$\langle a \rangle$ を位数 mn の巡回群, m と n は互いに素とする. そのとき,
$$\langle a \rangle = \langle a^m \rangle \times \langle a^n \rangle.$$

証明 m と n が互いに素であるから, 2.4 節 問 4 より, $mk + nl = 1$ をみたす整数 k, l が存在する. そのとき, 任意の $a^i \in \langle a \rangle$ は
$$a^i = a^{i(mk+nl)} = (a^m)^{ik} \cdot (a^n)^{il}$$
と表され, 定理 4.3 の $(2')$ が成立する.

a^m の位数は n, a^n の位数は m で, n と m が互いに素であるから, 補題 2 の証明で示したように, $\langle a^m \rangle \cap \langle a^n \rangle = \{e\}$. $(3')$ が成立.

巡回群はアーベル群であるから, 条件 $(1')$ はつねに成り立つ.

問 1 互いに素な m, n を位数とする巡回群 $\langle a \rangle, \langle b \rangle$ の外部直積は巡回群であることを示せ.

問2 G を約数 mn のアーベル群, m と n は互いに素とする.
$$H = \{a \mid a \in G,\ a^n = e\}, \qquad K = \{a \mid a \in G,\ a^m = e\}$$
とすれば, $G = H \times K$ であることを示せ.

4.3 有限アーベル群の指標群

この節では,例題として有限アーベル群の指標群を説明する.

T を絶対値1の複素数全体の乗法群とする.有限アーベル群 G において,
$$\text{準同形写像 } \chi:\ G \longrightarrow T$$
を G の**指標**という.

G の指標全体の集合 $\widehat{G}$ において,指標 χ_1 と χ_2 の積を
$$\chi_1\chi_2(a) = \chi_1(a)\chi_2(a), \qquad (a \in G) \tag{1}$$
により定義すれば, $\widehat{G}$ はアーベル群となる.単位元は**単位指標**
$$\chi_0:\ G \longrightarrow T, \qquad a \longmapsto 1$$
である. $\widehat{G}$ を G の**指標群**という.

補題1

$G = H_1 \times H_2$ のとき,
$$\widehat{G}_i = \{\chi \mid \chi \in \widehat{G},\ \chi(h_j) = 1\ (h_j \in H_j,\ j \neq i)\} \quad (i = 1, 2)$$
とすれば,次のことが成り立つ.
$$\widehat{G} = \widehat{G}_1 \times \widehat{G}_2, \qquad \widehat{G}_i \cong \widehat{H}_i.$$

証明 (i) χ を $\widehat{G}$ の任意の元とする. $G = H_1 \times H_2$ であるから, G の各元 a は一意に $a = h_1 h_2 (h_i \in H_i)$ と表される.これを用いて, χ に対し, χ_1, χ_2 を次のように定義する.
$$\chi_1(a) = \chi(h_1), \qquad \chi_2(a) = \chi(h_2), \qquad (a = h_1 h_2,\ h_i \in H_i).$$
χ_1, χ_2 は G の指標で,定義より, $\chi_1 \in \widehat{G}_1$, $\chi_2 \in \widehat{G}_2$ である.

4.3 有限アーベル群の指標群

また,任意の $a \in G$ に対し, $a = h_1 h_2$ $(h_i \in H_i)$ より,

$$\chi(a) = \chi(h_1 h_2) = \chi(h_1)\chi(h_2) = \chi_1(a)\chi_2(a)$$

であるから, $\chi = \chi_1\chi_2$. よって, $\widehat{G} = \widehat{G}_1\widehat{G}_2$.

(ii) $\chi \in \widehat{G}_1 \cap \widehat{G}_2$ とすれば,任意の $a \in G$ に対し, $a = h_1 h_2$ $(h_i \in H_i)$ より,

$$\chi(a) = \chi(h_1 h_2) = \chi(h_1)\chi(h_2) = 1.$$

よって, $\chi = \chi_0$. $\widehat{G}_1 \cap \widehat{G}_2 = \{\chi_0\}$.

(iii) $\chi_i \in \widehat{G}_i$ に対し, χ_i の定義域を H_i に制御すれば, H_i の指標 $\chi_i{}'$ となる.そのとき,写像 $\widehat{G}_1 \longrightarrow \widehat{H}_i, \chi_i \longmapsto \chi_i{}'$ は同形写像である. ■

補題 2

G が位数 n の巡回群ならば, $\widehat{G}$ も位数 n の巡回群である.

証明 $G = \langle a \rangle$ とする. G の任意の指標を χ, $\chi \in \widehat{G}$, とすれば,

$$\chi(a)^n = \chi(a^n) = \chi(e) = 1$$

より, $\chi(a)$ は $\chi(a)^n = 1$ をみたす複素数である.よって,

$$\chi(a) = \zeta^s, \quad \zeta = \cos(2\pi/n) + i\sin(2\pi/n). \tag{2}$$

いま,写像 $\chi_1 : G \longrightarrow \boldsymbol{T}, a^i \longmapsto \zeta^i$ を考えれば, χ_1 は G の指標で,

$$\chi(a^i) = \chi(a)^i = \zeta^{si} = \chi_1(a)^{si} = \chi_1(a^i)^s = \chi_1{}^s(a^i).$$

よって, $\chi = \chi_1{}^s$. したがって, $\widehat{G} = \langle \chi_1 \rangle$. 一方,

$$\chi_1{}^k = \chi_0 \iff \chi_1{}^k(a) = \chi_1(a)^k = \zeta^k = 1 \iff k \text{ が } n \text{ の倍数}$$

であるから, χ_1 の位数は n. ■

定理 4.4 で示したように,有限アーベル群 G は巡回部分群の直積に分解されるから,上の補題 1, 2 をまとめて,

補題 3

$$G \cong \widehat{G}.$$

$\widehat{G}$ は有限アーベル群であるから,$\widehat{G}$ の指標,$\widehat{G}$ の指標群 $\widehat{\widehat{G}}$ が考えられる.

補題 4

G の元 a に対し,写像
$$\psi_a: \widehat{G} \longrightarrow \boldsymbol{T}, \qquad \chi \longmapsto \psi_a(\chi) = \chi(a)$$
を考えれば,ψ_a は $\widehat{G}$ の指標,$\psi_a \in \widehat{\widehat{G}}$ である.

証明 指標の積の定義 (1) と ψ_a の定義より,
$$\psi_a(\chi_1 \chi_2) = \chi_1 \chi_2(a) = \chi_1(a)\chi_2(a) = \psi_a(\chi_1)\psi_a(\chi_2). \blacksquare$$

定理 4.5 (双対定理) G より $\widehat{\widehat{G}}$ への写像
$$\Psi: G \longrightarrow \widehat{\widehat{G}}, \qquad a \longmapsto \psi_a$$
は同形写像である.

証明 (i) 任意の $a, b \in G$ に対し,$\Psi(ab) = \Psi(a)\Psi(b)$. 何となれば,
$$\psi_{ab}(\chi) = \chi(ab) = \chi(a)\chi(b) = \psi_a(\chi)\psi_b(\chi)$$
が任意の $\chi \in \widehat{G}$ に対して成り立つからである.

(ii) $\operatorname{Ker} \Psi = \{e\}$. したがって,$\Psi$ は単射.

定理 4.4 より,G を巡回部分群の直積に分解し,$G_1 = \langle a_1 \rangle \times \cdots \times \langle a_r \rangle$ とする.そのとき,G の任意の元 b は一意に $b = a_1^{k_1} \cdots a_r^{k_r}$ と表される.$b \neq e$ ならば,ある i に対して,$a_i^{k_i} \neq e$ である.a_i の位数を n とすれば,k_i は n の倍数でない.

ζ を上の (2) の複素数とするとき,写像
$$\chi_i: \quad G \longrightarrow \boldsymbol{T}, \qquad a = a_1^{l_1} \cdots a_r^{l_r} \longmapsto \zeta^{l_i}$$
は G の指標,$\chi_i \in \widehat{G}$, である.そのとき,$\psi_b(\chi_i) = \chi_i(b) = \zeta^{k_i} \neq 1$. よって,$\Psi(b) = \psi_b$ は $\widehat{\widehat{G}}$ の単位元 ($\widehat{\widehat{G}}$ の単位指標) ではない.

(iii) 補題 3 より，G の位数 $=\widehat{G}$ の位数 $=\widehat{\widehat{G}}$ の位数．よって Ψ は全射． ■

問 1 G_1, G_2 を有限アーベル群，$\varphi : G_1 \longrightarrow G_2$ を準同形写像とする．
(i) $\chi_2 \in \widehat{G}_2$ に対し，
$$\tilde{\varphi}\chi_2(a_1) = \chi_2(\varphi(a_1)), \qquad (a_1 \in G_1)$$
により定義される $\tilde{\varphi}\chi_2$ は G_1 の指標，$\tilde{\varphi}\chi_2 \in \widehat{G}_1$，であることを示せ．
(ii) 写像
$$\tilde{\varphi} : \quad \widehat{G}_2 \longrightarrow \widehat{G}_1, \qquad \chi_2 \longmapsto \tilde{\varphi}\chi_2$$
は準同形写像であることを示せ．
(iii) $\varphi : G_1 \longrightarrow G_2$ が全準同形写像ならば，$\tilde{\varphi} : \widehat{G}_2 \longrightarrow \widehat{G}_1$ が単準同形写像であることを証明せよ．
(iv) $\varphi : G_1 \longrightarrow G_2$ が単準同形写像ならば，$\tilde{\varphi} : \widehat{G}_2 \longrightarrow \widehat{G}_1$ が全準同形写像であることを証明せよ．

4.4 加群の直和

加群においては直積の代わりに**直和**ともいい，定義や定理の形が多少変わる．とくに，演算の加法は可換であるから，演算の可換性についての条件や部分群の正規である条件は自動的に成立する．

定義 4.1a $B_1, \ldots, B_r$ を加群 A の部分加群とする．A において：
(1) 任意の元 a が B_i の元の和に分解される．
$$a = b_1 + \cdots + b_r, \qquad b_i \in B_i.$$
(2) 各 a に対し，B_i の元の和への分解は 1 通りである．
$$a = b_1 + \cdots + b_r = b_1{}' + \cdots + b_r{}' \quad (b_i, b_i{}' \in B_i) \Longrightarrow b_i = b_i{}'.$$
この 2 条件が成り立つとき，
$$A = B_1 \oplus \cdots \oplus B_r$$
と書き，A の**直和分解**という．

定理 4.2a 加群 A と部分加群 $B_1, \ldots, B_r$ において,
(1) 任意の $a \in A$ が $a = b_1 + \cdots + b_r$ $(b_i \in B_i)$ と表され,
(2_0) $0 = b_1 + \cdots + b_r$ $(b_i \in B_i) \Longrightarrow b_i = 0$
が成り立つとき,
$$A = B_1 \oplus \cdots \oplus B_r.$$

定理 4.3a 加群 A が部分加群 B_1, B_2 の直和に分解されるための必要十分条件は
(1′) $A = B_1 + B_2 = \{b_1 + b_2 \mid b_i \in B_i\}$
(2′) $B_1 \cap B_2 = \{0\}$
の成り立つことである.

例 1 複素数全体の加群 C において,
$$B_1 = \{xi \mid x : 実数\}, \qquad B_2 = \{x(1+i) \mid x : 実数\}$$
とおけば
$$C = B_1 \oplus B_2.$$

―― **例題 1** ――

B_1, B_2 を加群 A の部分加群とすれば
$$(B_1 + B_2)/(B_1 \cap B_2) = B_1/(B_1 \cap B_2) \oplus B_2/(B_1 \cap B_2).$$

証明 $\bar{B} = (B_1 + B_2)/(B_1 \cap B_2)$, $\bar{B}_i = B_i/(B_1 \cap B_2)$ とすれば, $\bar{B}_i$ は $\bar{B}$ の部分加群である.

任意の $\bar{b} \in \bar{B}$ をとれば, $\bar{b}$ は $B_1 \cap B_2$ による剰余類で, 2.4 節でのべたように,
$$\bar{b} = b + (B_1 \cap B_2), \qquad (b \in B_1 + B_2).$$
$B_1 + B_2$ の定義と, 商加群 $\bar{B}$ における和の定義 (定理 2.9a) より
$$\begin{aligned}\bar{b} = b + (B_1 \cap B_2) &= (b_1 + b_2) + (B_1 \cap B_2) \\ &= (b_1 + (B_1 \cap B_2)) + (b_2 + (B_1 \cap B_2)) \\ &= \bar{b}_1 + \bar{b}_2 \qquad (b_i \in B_i, \ \bar{b}_i \in \bar{B}_i).\end{aligned}$$

よって，定理 4.3a の $(1')$ が成り立つ．

$\bar{b} \in \bar{B}_1 \cap \bar{B}_2$ とすれば，$\bar{b} = b_1 + (B_1 \cap B_2) = b_2 + (B_1 \cap B_2)$, $b_i \in B_i$ である．このとき，$b_1 \in b_2 + (B_1 \cap B_2) \subset B_2$ であるから，$b_1 \in B_1 \cap B_2$. したがって，$\bar{b} = b_1 + (B_1 \cap B_2) = B_1 \cap B_2 = \bar{0}$ (商加群 $\bar{B}$ の 0 元). 定理 4.3a の $(2')$ が成立．

例題 2

A, B を加群，$B = B_i \oplus B_2$ とすれば，
$$\mathrm{Hom}(A, B) = \mathrm{Hom}(A, B_1) \oplus \mathrm{Hom}(A, B_2).$$

証明 B_i が B の部分群であるから，$\mathrm{Hom}(A, B_i)$ は $\mathrm{Hom}(A, B)$ の部分加群．$B = B_1 \oplus B_2$ より，B の各元 b が一意に $b = b_1 + b_2$ $(b_i \in B_i)$ と表される．したがって，任意の $\sigma \in \mathrm{Hom}(A, B)$ と $a \in A$ に対して，$\sigma(a)$ が
$$\sigma(a) = \sigma(a)_1 + \sigma(a)_2, \qquad (\sigma(a)_i \in B_i)$$
と一意に表される．このとき，
$$\sigma_i : \quad A \longrightarrow B_i, \qquad a \longmapsto \sigma(a)_i$$
は準同形写像である．よって，$\sigma_i \in \mathrm{Hom}(A, B_i)$.

σ_i のこの定義より，任意の $a \in A$ に対して，$\sigma(a) = \sigma_1(a) + \sigma_2(a)$ であるから，写像として，$\sigma = \sigma_1 + \sigma_2$. 定理 4.2a の (1) が成り立つ．

$\mathrm{Hom}(A, B)$ の 0 元を ρ_0 とし，$\rho_0 = \sigma_1 + \sigma_2$ $(\sigma_i \in \mathrm{Hom}(A, B_i))$ とする．このとき，$\mathrm{Hom}(A, B)$ の和と ρ_0 の定義より，任意の $a \in A$ に対して，
$$0 = \rho_0(a) = (\sigma_1 + \sigma_2)(a) = \sigma_1(a) + \sigma_2(a), \qquad (\sigma_i(a) \in B_i).$$
B の元を B_i の元の和に分解するのは一意だから，$\sigma_i(a) = 0$. よって，任意の $a \in A$ に対し，$\sigma_i(a) = \rho_0(a)$, ゆえに，写像として，$\sigma_i = \rho_0$. 定理 4.2a の (2) が成り立つ．

問 1 加群 $A = \{k + l\sqrt{2} \mid k, l \in \mathbf{Z}\}$ において
$$B_1 = \{k(1 - \sqrt{2}) \mid k \in \mathbf{Z}\}, \qquad B_2 = \{k(2 - \sqrt{2}) \mid k \in \mathbf{Z}\}$$
とすれば，$A = B_1 \oplus B_2$ であることを示せ．

問 2 B, C, D, E を加群 A の部分加群，$C \supset E$ で，$A = B \oplus C = D \oplus E$ とすれば，$A = B \oplus (D \cap C) \oplus E$ であることを示せ．

問 3 A, B を加群，$A = A_1 \oplus A_2$ とする．加群 $\mathrm{Hom}(A, B)$ において，
$$H_i = \{\sigma \mid \sigma \in \mathrm{Hom}(A, B), \sigma(a_j) = 0 \ (a_j \in A_j, j \neq i)\} \qquad (i = 1, 2)$$

とおけば，これは $\mathrm{Hom}(A,B)$ の部分群で，

$$\mathrm{Hom}(A,B) = H_1 \oplus H_2, \qquad H_i \cong \mathrm{Hom}(A_i, B)$$

であることを示せ．

4.5 有限生成アーベル群

本節ではアーベル群を加群の形で扱う．

加群 A が**有限生成**であるとは，A の有限個の元 $a_1, \ldots, a_r$ で，

$$A = \langle a_1, \ldots, a_r \rangle = \mathbf{Z}a_1 + \cdots + \mathbf{Z}a_r$$
$$= \{m_1 a_1 + \cdots + m_n a_n \mid m_i \in \mathbf{Z}\}$$

となるものが存在することである．

例題 1

A をアーベル群，B をその部分群とする．
(i) A が有限生成 ならば A/B も有限生成である．
(ii) A/B, B ともに有限生成 ならば A は有限生成である．

証明 (i) $A = \langle a_1, \ldots, a_r \rangle$ とする．a_i の属する剰余類を $\bar{a}_i(\in A/B)$ とすると，$A/B = \langle \bar{a}_1, \ldots, \bar{a}_r \rangle$ となるから，A/B は有限生成である．

(ii) $A/B = \langle a_1 + B, \ldots, a_r + B \rangle$, $B = \langle b_1, \ldots, b_s \rangle$ とすると，

$$A = \langle a_1, \ldots, a_r, b_1, \ldots, b_s \rangle$$

となる．なぜなら，$a \in A$ に対して，$m_i \in \mathbf{Z}$ $(i = 1, 2, \ldots, r)$ が存在して，

$$\begin{aligned} a + B &= m_1(a_1 + B) + \cdots + m_r(a_r + B) \\ &= (m_1 a_1 + \cdots + m_r a_r) + B \\ \therefore \quad & a - (m_1 a_1 + \cdots + m_r a_r) \in B \end{aligned}$$

ゆえに，$n_j \in \mathbf{Z}$ $(j = 1, 2, \ldots, s)$ が存在して，

$$a - (m_1 a_1 + \cdots + m_r a_r) = n_1 b_1 + \cdots + n_s b_s$$
$$\therefore \quad a = m_1 a_1 + \cdots + m_r a_r + n_1 b_1 + \cdots + n_s b_s.$$

4.5 有限生成アーベル群

定理 4.6 有限生成アーベル群の部分群は有限生成である．

証明 $B \subset A = \langle a_1, \ldots, a_r \rangle$ とする．B が有限生成であることを r に関する帰納法で証明する．

$r = 1$ のときは，A は巡回群で，3.1 節 例題 3 より，その部分群 B も巡回群であるから有限生成である．

$r > 1$ とする．$A' = \langle a_1, \ldots, a_{r-1} \rangle$, $B' = B \cap A'$ とおく．帰納法の仮定より，B' は有限生成である．同形定理より，

$$B/B' \cong (B + A')/A' \subset A/A' = (\langle a_r \rangle + A')/A' \cong \langle a_r \rangle / \langle a_r \rangle \cap A'$$

より，B/B' は巡回群 A/A' の部分群に同形で有限生成である．B', B/B' ともに有限生成であるから，例題 1 より B も有限生成である．■

定義 4.2 アーベル群 A の位数有限の元全体を A_{tors} で表す．A_{tors} は A の部分群をなす．これを A の**ねじれ部分** (torsion part) という．$A = A_{\text{tors}}$ のとき A を**ねじれ群**，$A_{\text{tors}} = \{0\}$ のとき A を**ねじれのない群**という．A/A_{tors} はねじれのない群である（2.4 節 問 5 参照）．

定義 4.3 アーベル群 L が位数無限の巡回部分群の直積に分解するとき，L は**自由アーベル群**であるという．加群のときは**自由加群**ともいう．
$$L = \langle a_1 \rangle \oplus \cdots \oplus \langle a_r \rangle, \quad \langle a_i \rangle \cong \mathbf{Z} \quad (i = 1, \ldots, r)$$

補題 1

(i) $A/B \cong \mathbf{Z}$ ならば，A の適当な部分群 L により，
$$A = B \oplus L, \quad (L \cong \mathbf{Z}).$$

(ii) 一般に，A/B が自由アーベル群ならば，A の適当な部分群 L により，
$$A = B \oplus L, \quad (L \cong A/B : \text{自由アーベル群}).$$

証明 (i) 本章の演習問題 2 を参照.
(ii) は (i) をくり返し用いればよい. ■

補題 2

ねじれのない有限生成アーベル群 L は自由アーベル群である.

証明 $L = \langle a_1, \ldots, a_r \rangle$ とする. $r=1$ のときは L は巡回群であるから定理は成り立つ. r に関する帰納法で証明する. $\langle a \rangle \supset \langle a_r \rangle$ をみたす L の元 a で, 有限群 $(L/\langle a \rangle)_{\text{tors}}$ の位数が最小のものをとる.

1) $L/\langle a \rangle$ はねじれのないアーベル群 である.

なぜなら, $L/\langle a \rangle$ の位数有限な元を $\bar{b}$ とし, その位数を $m > 1$ と仮定する. $\bar{b}$ の代表を b とすると,
$$mb = ka \in \langle a \rangle.$$
m, k の最大公約数を d とする. $d((m/d)b - (k/d)a) = 0$. L はねじれのない群であるから,

$(m/d)b - (k/d)a = 0 \quad \therefore \quad (m/d)b = (k/d)a \in \langle a \rangle \quad \therefore \quad (m/d)\bar{b} = 0.$

ゆえに, $d=1$, すなわち k と m は互いに素で, $kl + mn = 1$ となる l, n が存在する. $c = na + lb$ とおくと, $mc \, (= kla + mla) = a$ より,

$\therefore \quad (\langle c \rangle : \langle a \rangle) = m \quad \therefore \quad |(L/\langle c \rangle)_{\text{tors}}| = |(L/\langle a \rangle)_{\text{tors}}|/m.$

これは a の選び方に矛盾する.

2) $\langle a \rangle \supset \langle a_r \rangle$ より, $L = \langle a_1, \ldots, a_{r-1}, a \rangle$ であるから, $L/\langle a \rangle$ は $r-1$ の元で生成される. (1) より, これはねじれのない群であるから, 帰納法の仮定より, $L/\langle a \rangle$ は自由アーベル群である. 補題 1 より L も自由アーベル群である. ■

定理 4.7 (アーベル群の基本定理) 有限生成アーベル群は巡回部分群の直積に分解される.

証明 A を有限生成アーベル群とすると, A/A_{tors} はねじれのない有限生

成アーベル群であるから，補題2より，自由アーベル群である．補題1より，$A = A_{\text{tors}} \oplus L$ (L：自由アーベル群)．A_{tors} は有限生成アーベル群の部分群であるから，有限生成のねじれ群，したがって有限アーベル群である．有限アーベル群，自由アーベル群は巡回群の直積に分解されるから定理が得られる．■

問1 有限生成アーベル群がねじれ群ならば有限群であることを示せ．

問2 自由アーベル群はねじれのない群であることを示せ．

問3 自由アーベル群 $L = \langle a_1 \rangle \oplus \cdots \oplus \langle a_r \rangle$ ($\langle a_i \rangle \cong \mathbb{Z}$) について，$2L = \{2x \mid x \in L\}$ とおくとき，$|L/2L| = 2^r$ であることを示せ．とくに，直和因子の個数 r は L によって定まる．r を自由アーベル群 L の**階数**という．

問4 定理4.6の証明より，r 個の元で生成されるアーベル群の部分群は高々 r 個の元で生成することができることを示せ．

問5 階数 r の自由アーベル群の部分群 ($\neq \{0\}$) は階数 r 以下の自由アーベル群であることを示せ．

演習問題

1 群 G の中心を $Z(G)$ で表す．$G = H_1 \times H_2$ のとき
$$Z(G) = Z(H_1) \times Z(H_2)$$
であることを証明せよ．

2 H をアーベル群 G の部分群とする．G/H が無限巡回群であれば
$$G \cong H \times (G/H)$$
であることを証明せよ

3 H を群 G の部分群とする．いま，$G = G_1 \times G_2$, $H = H_1 \times H_2$ で H_i が G_i の正規部分群であるとすれば，H は G の正規部分群で
$$G/H \cong (G_1/H_1) \times (G_2/H_2)$$
であることを証明せよ．

4 $N_1, \ldots, N_r$ を群 G の正規部分群，$\bigcap N_i = \{e\}$ とする．いま，
$$\tilde{G} = (G/N_1) \times \cdots \times (G/N_r)$$
を考えれば，G は $\tilde{G}$ のある部分群に同形であることを証明せよ．

5 G_1, G_2 を群，$\tilde{G} = G_1 \times G_2$ とし，
$$\pi_1 : \tilde{G} \longrightarrow G_1, \quad (x_1, x_2) \longmapsto x_1; \qquad \pi_2 : \tilde{G} \longrightarrow G_2, \quad (x_1, x_2) \longmapsto x_2$$

とする.G を $\tilde{G}$ と同形の群,$\varphi: G \longrightarrow \tilde{G}$ を同形写像,

$$H_1 = \mathrm{Ker}(\pi_2 \circ \varphi), \qquad H_2 = \mathrm{Ker}(\pi_1 \circ \varphi)$$

とすれば,$G = H_1 \times H_2$,$H_i \cong G_i$ であることを証明せよ.

5 置換群

　群の例は置換群 (変換群) として現れることが多いが，より一般に，群 G の各元がある集合 T の置換を引き起こす場合がある．これを G が集合 T に作用するという．この場合，G と T との関連を調べることにより，G についてよりくわしい性質を知ることができる．
　ここでは，群の作用の一般論と，とくにその有限群への応用をのべる．

5.1 置換群

　前に 1.2 節でのべたように，集合 T から T 自身への全単射の写像全体 $S(T)$ は写像の合成を積とする群であった．そして，T 上の**置換群**とは $S(T)$ の部分群のことである．
　以下，T を有限集合とし，T 上の置換群について考えてゆくが，後で利用するときのために，少し一般的に扱う．

定義 5.1 群 G と集合 T について，次の条件が成り立つとする．
(1) 　　任意の $a \in G$ と $t \in T$ に対して，T の元 $a \cdot t$ が定まる．
(2) 　　　　　$(ab) \cdot t = a \cdot (b \cdot t)$ 　　　$(a, b \in G, t \in T)$．
(3) 　　　　　$1 \cdot t = t$ 　　$(t \in T, 1 : G の単位元)$．
このとき，T は **G 集合**である．または，G が T に (左から) **作用**するという．$a \cdot t$ を単に積の形に at と書くことが多い．

定義 5.2 群 G から $S(T)$ への準同形写像を G の T 上の**置換表現**といい，T が有限集合のとき，T の元数 $|T|$ をその**次数**という．置換表現 $\varphi : G \to S(T)$ の核 $\operatorname{Ker} \varphi$ をこの置換表現の**核**という．

　T が G 集合であるとき，$a \in G$ に対して，$\sigma_a : t \longmapsto at$ は T 上の置換であ

る．上の条件 (2) は，写像

$$\varphi: \ G \longrightarrow S(T), \qquad a \longmapsto \sigma_a$$

が準同形写像，すなわち置換表現であることを意味する．逆に，置換表現 $\varphi: G \to S(T)$ に対して，

$$at = \varphi(a)(t)$$

と定義することにより，T は G 集合になる．このように，T に G の作用を定めることと，G の T 上の置換表現とは同等である．

G を群，T を G 集合とする．T の元 t, u に対し

$$u \sim t \iff u = at \text{ となる } a \in G \text{ が存在する} \tag{1}$$

と定義すれば，$\sim$ は T 上の同値関係で，これにより T の類別ができる．その各類を**軌道**または**推移類**という．$t \in T$ の属する推移類 (t の軌道) は

$$Gt = \{at \mid a \in G\}$$

である．T 全体が 1 つの類であるとき，作用が**推移的**であるという．対応する置換表現も推移的であるという．

例 1 G を T 上の置換群とすれば，T は G 集合である．

例 2 H を G の部分群とすれば，H による左剰余類の集合 G/H は，G の作用を

$$a \cdot xH = axH \qquad (a \in G, \ xH \in G/H) \tag{2}$$

とすることにより推移的 G 集合である．この作用を**左移動**による G/H 上への作用 (置換表現) という．

とくに，$H = \{1\}$ のとき，すなわち，左移動 $a \cdot x = ax$ ($a \in G$, $x \in G(=T)$) によって定義される G の G 自身への作用による置換表現を G の (左) **正則表現**という．正則表現の核は $\{1\}$ であるから，$G \subset S(G)$．任意の群 G は G 上の置換群とみなすことができる．

G 集合 T の元 t に対し，G の部分群

$$H = H(t) = \{a \in G \mid at = t\} \tag{3}$$

を t の**固定部分群**という．また，$H(t) = G$，すなわち，すべての $a \in G$ に対

して $at = t$ となる t を**固定元**という．

以下，G は有限群，T は有限 G 集合とする．

定理 5.1 T を推移的 G 集合とする．$t_0 \in T$ に対し，その固定部分群を $H = H(t_0)$ とする．写像 $f : G \to T, f(a) = at_0$ は，全単射

$$\bar{f} : G/H \longrightarrow T, \qquad aH \longmapsto at_0$$

を引き起こす．とくに，

$$|T| = (G : H), \qquad |G| = |T| \cdot |H|$$

が成り立ち，$|T|$ は $|G|$ の約数である．また，at_0 の固定部分群 $H(at_0)$ は

$$H(at_0) = aH(t_0)a^{-1} \qquad (a \in G)$$

である．

証明 T が推移的：$T = Gt_0$ より，f は全射．

$$f(a) = f(b) \Leftrightarrow at_0 = bt_0 \Leftrightarrow b^{-1}at_0 = t_0 \Leftrightarrow b^{-1}a \in H \Leftrightarrow aH = bH$$

であるから，全単射 $\bar{f}$ が得られる．また，

$$b \in H(at_0) \Leftrightarrow bat_0 = at_0 \Leftrightarrow a^{-1}bat_0 = t_0$$
$$\Leftrightarrow a^{-1}ba \in H(t_0) \Leftrightarrow b \in aH(t_0)a^{-1} \qquad \blacksquare$$

注意 定理において，($t_0 \in T$ から得られる) 全単射 $\bar{f} : G/H \to T$ により G/H と T を同一視すれば，G の T 上の推移的置換表現は G/H 上の左移動による置換表現と一致することがわかる．

例題 1

n 次の対称群 S_n において，置換 σ によって生成される巡回部分群 $G = \langle \sigma \rangle$ を考える．$T = \{1, 2, \ldots, n\}$ を G 集合とみなしての軌道分解を $T = \bigcup T_i$ とするとき，σ は各 T_i 上では巡回置換であることを示せ．

証明 $|T_i| = m_i$, $t_i \in T_i$ とすると，$T_i = \{t_i, \sigma(t_i), \sigma^2(t_i), \ldots, \sigma^{m_i - 1}(t_i)\}$ とな

るから，σ は T_i 上では巡回置換 $(t_i\ \sigma(t_i)\ \sigma^2(t_i)\ \ldots\ \sigma^{m_i-1}(t_i))$ に等しい．

> **定理 5.2** G 集合 T の軌道への分解を $T = \bigcup T_i$ として，$t_i \in T_i$, $H_i = H(t_i)$ とすると，
> $$|T| = \sum_i (G : H_i).$$

> **定義 5.3** p を素数とする．位数が p のべきであるような有限群を **p 群**という．

> **系** p を素数，G が p 群であるとき，G 集合 T の固定元全体の集合を S とすると，次が成り立つ*．
> $$|T| \equiv |S| \pmod{p}.$$
> とくに，$|T|$ が p の倍数でなければ固定元が存在する，$S \neq \emptyset$．

問 1 (1) で定義した T 上の関係が同値関係であることを確かめよ．

問 2 例 2 において，G の左移動による G/H 上の置換表現の核は $\bigcap_{a \in G} aHa^{-1}$ であることを示せ．

問 3 (3) で定義した $H(t)$ が G の部分群であることを確かめよ．

問 4 $G \subset S(T)$ で，G の T への作用が推移的であるとし，$t \in T$ とする．このとき，$H(t)$ に含まれる G の正規部分群は $\{1\}$ だけであることを証明せよ．

5.2 p 群とシローの定理

例 1 群 G の内部自己同形により，G を G 自身へ作用させる：
$$a \cdot x = axa^{-1}, \quad (a, x \in G).$$
この作用により，G は G 集合となり，その軌道 (推移類) を G の**共役類**という．同一の共役類に属する G の元は互いに**共役**であるという．この作用における $x(\in G)$ の固

---

* $a - b$ が m の倍数であることを $a \equiv b \pmod{m}$ で表す．

5.2 p 群とシローの定理

定部分群は，x の中心化群
$$Z(x) = \{z \in G \mid zx = xz\}$$
に等しい．G の中心を $Z = Z(G)$ とする．

$z \in G$ の属する共役類が z だけからなる
$$\Longleftrightarrow xzx^{-1} = z \; (x \in G) \Longleftrightarrow xz = zx \; (x \in G) \Longleftrightarrow z \in Z$$
であるから，G の共役類を
$$\{z\}(z \in Z), C_1, C_2, \ldots$$
とし，$x_i \in C_i$ の中心化群を $H_i = Z(x_i)$ とするとき，次の**類等式**が成り立つ．
$$|G| = |Z(G)| + |C_1| + |C_2| + \cdots$$
$$|C_i| = (G : H_i) \quad (i = 1, 2, \ldots)$$

注意 $N \triangleleft G$ ならば，N を G の共役類 $N \cap C_i (= C_i$ または $\emptyset)$ に分類して，同様の類等式が得られる．
$$|N| = |N \cap Z(G)| + |C_1| + |C_2| + \cdots \tag{1}$$
$$= |N \cap Z(G)| + (G : H_1) + (G : H_2) + \cdots \tag{2}$$

例 2 G の部分群 H に対して，H の共役部分群の集合を Ω とする．
$$\Omega = \{xHx^{-1} \mid x \in G\}.$$
G は Ω に共役によって作用する．
$$a \in G, \; H' \in \Omega \longmapsto aH'a^{-1} \in \Omega.$$
この作用における $H(\in \Omega)$ の固定部分群は正規化群
$$N(H) = \{x \in G \mid xHx^{-1} = H\}$$
である．とくに，H の共役部分群の個数は $(G : N(H))$ に等しい．

補題 1

p を有限群 G の位数の素因数，$N \triangleleft G$, $p \mid |N|$ とする*．
G の任意の部分群 $H \neq G$ に対して $p \mid (G : H)$ ならば，$p \mid |N \cap Z(G)|$．
とくに，$N \cap Z(G) \neq \{1\}$．

---

* m が n の約数であることを $m \mid n$ で表す．

証明 類等式 (2) より. ■

> **定理 5.3** $P \neq \{1\}$ が p 群ならば, 中心は $Z(P) \neq \{1\}$.

> **定義 5.4** 有限群 G の位数が $p^n m$ で, m は p と素のとき, 位数 p^n の部分群を G の p シロー (**Sylow**) 部分群という.

これについて次の定理が成り立つ.

> **定理 5.4**(シロー) p を有限群 G の位数の素因子とする.
> (i) p シロー部分群が存在する.
> (ii) p シロー部分群は互いに共役で, その個数は $|G|$ の約数で, $pk+1$ の形である.
> (iii) p 部分群 H に対して, H を含む p シロー部分群が存在する.

証明 (i): $|G| = p$ ならば明らかであるから, $|G|$ に関する帰納法で示す. もし, $p \nmid (G:H)$ となる部分群 $H \neq G$ が存在すれば, H の p シロー部分群 (帰納法の仮定から存在) は G の p シロー部分群となる. そのような H が存在しなければ, 補題より, $p \mid |Z|$ ($Z = Z(G)$). Z はアーベル群であるから, 位数 p の部分群 N ($\subset Z(G)$) をもつ. これは正規部分群で, 帰納法の仮定から G/N は p シロー部分群をもつ. それを P/N とすれば, G の p シロー部分群 P が得られる.

(ii),(iii): p シロー部分群 P の共役部分群の集合 $\Omega = \{aPa^{-1} \mid a \in G\}$ に,
$$h: \quad P' \longmapsto hP'h^{-1} \qquad (h \in H, \ P' \in \Omega)$$
により H を作用させる. $|\Omega| = (G : N(P))$ は $(G : P)$ の約数で p と素, したがって Ω には固定元がある. P' を固定元とすると, $H \subset P'$ が成り立つ. なぜなら, $hP'h^{-1} = P' (h \in H)$, すなわち $H \subset N(P')$ より, HP' は G の部分群で, $P' \triangleleft HP'$. さらに, $(HP' : P') = (H : H \cap P')$ において, 左辺は p と素, 右辺は p のベキであるから, 両辺とも 1 である. $\therefore \ HP' = P'$ $\therefore \ H \subset P'$. とくに, $H = P$ として, P' を P の Ω への作用の固定元とす

ると，上のことから $P \subset P'$ ∴ $P' = P$. ゆえに，固定元はただ 1 つ P のみである．定理 5.2 の系より，p シロー部分群の個数：$|\Omega| \equiv 1 \pmod{p}$. ∎

問 1 位数が p^2 の p 群はアーベル群であることを示せ (2 章 演習問題 4 を用いよ)．

問 2 P が p 群で，$\{1\} \neq N \triangleleft P$ ならば $N \cap Z(P) \neq \{1\}$ を示せ．

問 3 p を有限アーベル群 G の位数の素因子とし，$|G| = p^n m$ (m は p と素) とする．このとき，G の p シロー部分群は

$$\{x \in G \mid x^{p^n} = 1\}$$

であることを示せ．

問 4 p, q 素数，$|G| = pq$ ($p > q$) であるとき次を示せ．
(i) p シロー部分群は正規部分群である．
(ii) $p \not\equiv 1 \pmod{p} \Longrightarrow G$ はアーベル群である．

5.3 交代群の単純性

定義 5.5 群 $G(\neq \{1\})$ が自明な部分群 $(G, \{1\})$ 以外に正規部分群をもたないとき**単純群**であるという．

この節の目標は次の定理である．

定理 5.5 $n \geq 5$ ならば交代群 A_n は単純群である．

補題 1

長さ r の巡回置換 $(a_1\ a_2\ \cdots\ a_r)$ の共役は長さ r の巡回置換：

$$\sigma(a_1\ a_2\ \cdots\ a_r)\sigma^{-1} = (\sigma(a_1)\ \sigma(a_2)\ \cdots\ \sigma(a_r))$$

である．

補題 2

$n \geq 3$ ならば，A_n は長さ 3 の巡回置換で生成される．

証明 A_n は 2 つの互換の積によって生成されることと，

$$(a\ b)(c\ d) = (a\ b\ c)(b\ c\ d), \qquad (a\ b)(a\ c) = (a\ c\ b)$$

より補題が得られる．■

補題 3

$n \geqq 5$ ならば，長さ 3 の巡回置換は A_n において互いに共役である．

$$(a\ b\ c) \sim (1\ 2\ 3).$$

証明 置換 $\sigma = \begin{pmatrix} a\ b\ c\ *\ *\ \cdots \\ 1\ 2\ 3\ 4\ 5\ \cdots \end{pmatrix}$ について，σ が奇置換のときは，4, 5 の上の 2 文字 ** を交換したものをあらためて σ とする．σ は偶置換である．このとき，$\sigma(a\ b\ c)\sigma^{-1} = (1\ 2\ 3)$．■

一般に，群 G において，$[x,y] = xyx^{-1}y^{-1}$ とおく．N が G の正規部分群ならば，次が成り立つ．

$$x \in N,\ y \in G \Longrightarrow [x,y], [y,x] \in N \tag{1}$$

定理 5.5 の証明 $N \neq \{1\}$ を A_n の正規部分群とする ($n \geqq 5$)．N が長さ 3 の巡回置換を含むことを示す．$\sigma \neq 1, \in N$ とする．

1) σ が巡回置換ならば，

$$\sigma = (1\ 2\ 3\ \cdots\ k)\ (k > 3) \Longrightarrow (1\ 4\ 2) = [\sigma, (1\ 2\ 3)] \in N$$

2) σ が巡回置換でなければ，$\sigma = (a_1\ a_2\ \cdots\ a_k)(b_1\ \cdots\ b_l)\cdots$ とすると，

$$N \ni [\sigma, (a_1\ a_2\ b_1)] = \begin{cases} (a_1\ b_1\ a_3\ b_2\ a_2) & (k > 2) \\ (a_1\ b_1)(a_2\ b_2) & (k = 2) \end{cases}$$

である．さらに，

$$(a_1\ b_1\ a_3\ b_2\ a_2) \in N \Longrightarrow 1) \text{ より } (a_1\ b_2\ b_1) \in N,$$

$$\tau = (a_1\ b_1)(a_2\ b_2) \in N \Longrightarrow (a_1\ b_1\ c) = [\tau, (a_1\ b_1\ c)] \in N.■$$

注意 5 次交代群は位数最小の非アーベル単純群であることが知られている．

問 1 補題 1 の等式を確かめよ．

問 2 次を示せ．

(i) 位数が素数の有限群はアーベル群で単純群である．
(ii) 単純アーベル群は位数が素数の有限群である．

問 3 (1) を示せ．

問 4 4 次の交代群 A_4 の自明でない正規部分群は位数 4 の部分群

$$V = \{1, (1\ 2)(3\ 4), (1\ 3)(2\ 4), (1\ 4)(2\ 3)\}$$

だけであることを示せ．

問 5 5 次の交代群 A_5 の共役類をすべて求めよ．

演習問題

1 4 次対称群 S_4 において，$\sigma = (1\ 2\ 3\ 4), \tau = (1\ 4)(2\ 3)$ とする．次を示せ．
(i) $\sigma^4 = \tau^2 = 1, \tau\sigma\tau^{-1} = \sigma^{-1}$．
(ii) σ, τ によって生成される S_4 の部分群 $G = \langle \sigma, \tau \rangle$ は位数 8 の非アーベル群である．

2 次を示せ．
(i) 群 G の指数 2 の部分群 H は正規部分群である．
(ii) 群 G の任意の元 x が $x^2 = 1$ をみたすとき，G はアーベル群である．
(iii) 位数 8 の非アーベル群 G は位数 4 の正規巡回部分群 $\langle x \rangle$ をもつ．$y \notin \langle x \rangle$ とすると，$G = \langle x, y \rangle$ で，$yxy^{-1} = x^{-1}$．さらに，$y^2 = 1$ または $y^2 = x^2$ のいずれかである．

3 位数 6 の有限群は巡回群かまたは 3 次対称群 S_3 に同形であることを示せ (適当な H による左剰余類集合 G/H への作用を考えよ)．

4 P を有限群 G の p シロー部分群，H を p 部分群とする．P による左剰余類の集合 $G/P = \{aP \mid a \in G\}$ 上への H の左移動による作用

$$h \cdot xP = hxP \qquad (h \in H,\ x \in G)$$

について，次を示すことにより，シローの定理の (ii), (iii) の別証明を与えよ．
(i) この作用は固定元をもつ．
(ii) 固定元を aP とすると，$H \subset aPa^{-1}$．
(iii) P の共役部分群の個数 $(G : N(P))$ は $pk + 1$ の形である ($H = P$ のとき，固定元の個数を調べ，定理 5.2 の系を用いよ)．

5 T を推移的な G 集合とする．T の部分集合 U で，次の条件 (1), (2) をみたすものが存在するとき，T は**非原始的**であるという．そのような U が存在しないとき，**原始的**であるという．

(1) $U \neq T$, $|U| > 1$.
(2) $a \in G$ に対して，$aU \cap U \neq \emptyset$ ならば $aU = U$ となる．

$t(\in T)$ の固定部分群を $H = H(t)$ とするとき，次を証明せよ．

T が非原始的であるための必要十分条件は，$H \subsetneq K \subsetneq G$ であるような G の部分群 K が存在することである．

6 可解群・ベキ零群

　群 G の性質を調べるために，正規部分群 H をとり，G/H と H の性質とそれらと G との関連を考えることがある．これを続けると，一般に，いくつかの部分群の列についてを考えることになる．ある条件をみたす部分群列をもつ群を**可解群**という．これは群としても重要なものであるが，方程式の解が加減乗除と根号の積み上げで表せるかという (方程式の代数的可解性) 問題にも関連する．

6.1 可 解 群
6.1.1 正 規 鎖

> **定義 6.1** 群 G の部分群の列
> $$G = H_0 \supset H_1 \supset H_2 \supset \cdots \supset H_r = \{1\} \tag{1}$$
> で，すべての $i = 1, 2, \ldots, r$ に対して，H_i が H_{i-1} の正規部分群 ($H_i \triangleleft H_{i-1}$) であるとき，これを G の**長さ r の正規鎖**という．商群 (剰余群) の列
> $$H_0/H_1,\ H_1/H_2,\ \ldots,\ H_{r-1}/H_r$$
> をその**商群列**または**剰余群列**という．

注意 1　(1) において，$H_{i-1} = H_i$ となる i があってもよい．

注意 2　$N \triangleleft G$ のとき，$\bar{G} = G/N$ の部分群 $\bar{H}$ と G の部分群 $H (H \supset N)$ は，$\bar{H} = H/N$ の関係のもとに 1 対 1 に対応するから，$\bar{G}$ の部分群の列
$$\bar{G} = \bar{H}_0 \supset \bar{H}_1 \supset \cdots \supset \bar{H}_r = \{1\}$$
は，部分群の列 $\{H_i\}$ ($\bar{H}_i = H_i/N$):
$$G = H_0 \supset H_1 \supset \cdots \supset H_r = N,\quad (H_i \triangleleft H_{i-1})$$
と対応する．同形定理より，

$$\bar{H}_{i-1} \triangleright \bar{H}_i \iff H_{i-1} \triangleright H_i \implies \bar{H}_{i-1}/\bar{H}_i \cong H_{i-1}/H_i.$$

また，G/N の長さ r の正規鎖 $\{H_i/N\}$ と，N の長さ s の正規鎖 $\{N_j\}$ から，G の長さ $r+s$ の正規鎖

$$G = H_0 \supset H_1 \supset \cdots \supset H_r = N = N_0 \supset N_i \supset \cdots N_s = \{1\}$$

が得られることに注意．

補題 1

G の部分群について，
(i)　$N \triangleleft G, K \subset H \implies (H \cap N)K = H \cap NK.$
(ii)　$N \triangleleft G, K \triangleleft H \implies HN/KN \cong H/K(H \cap N).$
(iii)　$K \triangleleft L \implies (H \cap L)/(H \cap K) \cong K(H \cap L)/K.$

G の正規鎖から，G の剰余群および部分群の正規鎖が次のように得られる．

例題 1

$\{G_i\}$ を G の正規鎖とする．
(i)　$\bar{G} = G/N$ $(N \triangleleft G)$ とする．$\bar{G}_i = G_iN/N$ とおくと，$\{\bar{G}_i\}$ は $\bar{G}$ の正規鎖で，その商群は G_{i-1}/G_i の商群に同形である：

$$\bar{G}_{i-1}/\bar{G}_i \cong G_{i-1}N/G_iN \cong G_{i-1}/G_i(G_{i-1} \cap N).$$

(ii)　G の部分群 H に対して，$H_i = H \cap G_i$ とおくと，$\{H_i\}$ は H の正規鎖で，その商群は G_{i-1}/G_i の部分群に同形である：

$$H_{i-1}/H_i \cong G_i(H \cap G_{i-1})/G_i \subset G_{i-1}/G_i.$$

(iii)　$N \triangleleft H$ であるとき，$M_i = (H \cap G_i)N$ とおくと，$\{M_i/N\}$ は H/N の正規鎖で，

$$H = M_0 \supset M_1 \supset \cdots \supset M_r = N$$

について，次の同形が成り立つ．
$$M_{i-1}/M_i \cong (H \cap G_{i-1})/(H \cap G_i)(N \cap G_{i-1}). \tag{2}$$

証明 (i),(ii)： 前補題より容易に得られる．

(iii)： (ii) の H の正規鎖 $\{H_i\}$ から，(i) の方法で得られる H/N の正規鎖が $\{M_i/N\}$ であることから．

問 1 補題 1 を確かめよ．

問 2 同形 (2) を確かめよ．

6.1.2 可解群

定義 6.2 群 G の正規鎖 $G = H_0 \supset H_1 \supset \cdots \supset H_r = \{1\}$ で，商群 H_{i-1}/H_i がすべてアーベル群となるようなものが存在するとき，G は**可解群**であるという．

定理 6.1 (i) 可解群の部分群および剰余群は可解群である．
(ii) $N \triangleleft G$ に対して，$N, G/N$ がともに可解群ならば，G は可解群である．

証明 (i)： アーベル群の部分群，剰余群はアーベル群であることと例題 1 の (i),(ii) より．

(ii)： 注意 2 より． ∎

商群がアーベル群である条件について調べるために，交換子を定義する．

群 G の元 a, b に対して，

$$[a,b] = aba^{-1}b^{-1}$$

を a, b の**交換子**という．交換子は次の性質をもつ．

(i)　$[a,b] = 1 \iff ab = ba$.

(ii)　$[b,a] = [a,b]^{-1}$.

(iii)　$c[a,b]c^{-1} = [cac^{-1}, cbc^{-1}]$.

(iv)　$[a,bc] = [a,b]b[a,c]b^{-1}$.

交換子全体によって生成される部分群を**交換子群**といい，$[G,G]$ で表す．

$$[G,G] = \langle [a,b] \mid a,b \in G \rangle.$$

第 6 章 可解群・ベキ零群

> **定理 6.2** (i) $[G,G] \triangleleft G$ で, $G/[G,G]$ はアーベル群である.
> (ii) $H \triangleleft G$, かつ G/H : アーベル群 $\iff H \supset [G,G]$.

証明 交換子の性質 (iii) より, $[G,G] \triangleleft G$ である. $H \triangleleft G$ とする.

$$\begin{aligned} G/H : \text{アーベル群} &\iff aHbH(aH)^{-1}(bH)^{-1} = H \quad (a,b \in G) \\ &\iff aba^{-1}b^{-1} \in H \quad (a,b \in G) \\ &\iff [G,G] \subset H \end{aligned}$$

残る部分は, $H \supset [G,G] \implies H \triangleleft G$ であるが, これはアーベル群 $G/[G,G]$ の部分群 $H/[G,G]$ は正規部分群であることから得られる. ■

$G^{\mathrm{ab}} = G/[G,G]$ を G の**最大アーベル剰余群**という.

G に対して,

$$\begin{aligned} & G_0 = G, \qquad G_i = [G_{i-1}, G_{i-1}] \quad (i=1,2,\dots) \\ & G = G_0 \supset G_1 \supset G_2 \supset \cdots\cdots \end{aligned} \tag{3}$$

とおく. 定理 6.2 により, $G_i \triangleleft G_{i-1}$ で, 各商群はアーベル群である.

なお, 上の G_i を $D^i(G)$ とも書く.

$$D^0(G) = G, \qquad D(G) = [G,G], \qquad D^i(G) = D(D^{i-1}(G)) \quad (i=1,2,\dots)$$

> **定理 6.3** G が可解であるための必要十分条件は, (3) において, $G_r = \{1\}$ となる r が存在することである.

証明 十分性は明らか. G は可解とする. 正規鎖 $\{H_i\}$ が, H_{i-1}/H_i はアーベル群で, $H_r = \{1\}$ とする. このとき, $G_i \subset H_i$ を示せば十分である. $i=0$ のときは成り立つから, i に関する帰納法で証明する. $G_{i-1} \subset H_{i-1}$ とすると, H_{i-1}/H_i がアーベル群であるから, $[H_{i-1}, H_{i-1}] \subset H_i$, ゆえに,

$$G_i = [G_{i-1}, G_{i-1}] \subset [H_{i-1}, H_{i-1}] \subset H_i. \blacksquare$$

例 1 2 次対称群 S_2 はアーベル群であるから可解である. 3 次, 4 次の対称群

S_3, S_4 は正規鎖

$$S_3 \supset A_3 \supset \{1\}$$
$$S_4 \supset A_4 \supset V \supset \{1\}$$

をもつ．ここで，V は 4.1 節 例 3 および 5.3 節 問 4 を参照．商群列はそれぞれ，

位数 2 の巡回群，位数 3 の巡回群

位数 2 の巡回群，位数 3 の巡回群，位数 4 のアーベル群

であるから，S_3, S_4 は可解群である．$n \geqq 5$ のときは，交代群 A_n は非アーベル単純群である (定理 5.5) から非可解，したがって，S_n も可解群ではない．

> **定理 6.4** n 次対称群 S_n は，$n \leqq 4$ ならば，可解群である．$n \geqq 5$ のときは可解ではない．

問 3 交換子の性質 (i)～(iv) を確かめよ．

問 4 例 1 を確かめよ．

6.2 ベキ零群

> **定義 6.3** 群 G の正規部分群からなる正規鎖 $G = K_0 \supset K_1 \supset \cdots \supset K_r = \{1\}$ で，商群 K_{i-1}/K_i が G/K_i の中心 $Z(G/K_i)$ に含まれるようなものが存在するとき，G は**ベキ零群**であるという．
> $$K_{i-1}/K_i \subset Z(G/K_i) \quad (i = 1, 2, \ldots, r). \tag{1}$$
> この条件をみたす正規鎖を**中心的正規鎖**という．

注意 1 条件 (1) の最初と最後 $(i = 1, r)$ は

$$G/K_1 : \text{アーベル群}, \qquad K_{r-1} \subset Z(G)$$

と同じである．

注意 2 アーベル群はベキ零群，ベキ零群は可解群である．

$$\text{可換} \Longrightarrow \text{ベキ零} \Longrightarrow \text{可解}.$$

問 1 次を示せ．

(i) ベキ零群の部分群，剰余群はベキ零群である．

(ii) ベキ零群の直積はベキ零群である．

代表的なベキ零群の例は p 群である．

定理 6.5 p 群はベキ零群である．

証明 p 群 G の位数に関する帰納法による．$|G| = 1$ のとき，$G = \{1\}$ はベキ零である．$|G| > 1$ のとき，定理 5.3 より，G の中心は $Z = Z(G) \neq \{1\}$．帰納法の仮定より，G/Z はベキ零である．$\{K_i/Z\}$ ($K_r = Z$) を G/Z の中心的正規鎖とすると，$G = K_0 \supset K_1 \supset \cdots \supset K_r (= Z) \supset \{1\}$ は G の中心的正規鎖となるから，G はベキ零である．■

実は次の定理が成り立つ．

定理 6.6 有限群 G について，次は同値である．
(1) G はベキ零群である．
(2) G は p シロー部分群の直積である．

補題 1

有限群 G において，G の 2 つの正規部分群 H_1, H_2 の位数が互いに素であれば，

$$H_1 H_2 = H_1 \times H_2.$$

証明 $|H_1| = n_1$, $|H_2| = n_2$ とする．$H_i \triangleleft G$ であるから，$H_1 H_2$ は部分群である．$x \in H_1 \cap H_2 \Longrightarrow x^{n_1} = x^{n_2} = 1$. $\gcd(n_1, n_2) = 1$ より，$x = 1$ ∴ $H_1 \cap H_2 = \{1\}$. ■

補題 2

H をベキ零群 G の部分群とする．$H \neq G \Longrightarrow H \subsetneq N(H)$．

証明 $\{K_i\}$ を G の中心的正規鎖で，$K_r = \{1\}$ とする．$\{1\} = K_r \subset H \subsetneq K_0 = G$ であるから，$K_i \subset H$, $K_{i-1} \not\subset H$ となる i (> 0) が存在する．このとき，$K_{i-1}/K_i \subset Z(G/K_i)$ より，$K_{i-1}/K_i \subset N(H/K_i)$ ∴ $K_{i-1} \subset N(H)$．ゆえに，$H \neq N(H)$．■

6.2 ベキ零群

定理 6.6 の証明 $(2) \Rightarrow (1)$: p 群はベキ零群,ベキ零群の直積はベキ零群である.

$(1) \Rightarrow (2)$: G をベキ零群,P をその p シロー部分群とする.補題 1 より,$P \triangleleft G$,すなわち,P の正規化群 $N(P)$ が G に等しいことを示せばよい.$H = N(P)$ とおく.もし $H \neq G$ ならば,補題 2 より,$H \subsetneq N(H)$.一方,

$$x \in N(H) \Longrightarrow xPx^{-1} \subset xHx^{-1} \subset H.$$

ゆえに,$P, xPx^{-1}(\subset H)$ はともに H の p シロー部分群であるから,シローの定理より,$h \in H$ で,

$$xPx^{-1} = hPh^{-1}$$

となるものが存在する.そのとき,

$$h^{-1}x \in N(P) = H \quad \therefore \quad x \in H.$$

すなわち,$N(H) \subset H$.これは $H \subsetneq N(H)$ に矛盾する.∎

次に,商群の中心に関して,正規鎖が中心的である条件について調べる.

G の部分群 H, K に対して,交換子から生成される部分群

$$[H, K] = \langle [h, k] \mid h \in H, \, k \in K \rangle$$

を考える.これは次の性質をもつ.

補題 3

H, K, N を G の部分群とする.

(i) $[H, K] = [K, H]$.

(ii) $H, K \triangleleft G \Longrightarrow [H, K] \triangleleft G, \, [H, K] \subset H \cap K$.

(iii) $N \subset K, \, N \triangleleft G$ であるとき,

$$K/N \subset Z(G/N) \Longleftrightarrow [G, K] \subset N.$$

したがって,正規鎖 $\{K_i\}$ が中心的である条件 (1) は次と同値である.

$$[G, K_{i-1}] \subset K_i \quad (i = 1, 2, \ldots, r).$$

定義 6.4 (i) $C_0 = G$, $C_i = [G, C_{i-1}]$ $(i = 1, 2, \dots)$ で定義される正規部分群の列

$$G = C_0 \supset C_1 \supset C_2 \supset \cdots \supset C_i \supset \cdots$$

を G の**降中心列**という．

(ii) $Z_0 = \{1\}$, $Z_j/Z_{j-1} = Z(G/Z_{j-1})$ $(j = 1, 2, \dots)$ により定まる正規部分群の列

$$\{1\} = Z_0 \subset Z_1 \subset Z_2 \subset \cdots \subset Z_j \subset \cdots$$

を G の**昇中心列**という．

定理 6.7 群 G に対して，自然数 r について次は同値である．
(1) G は長さが r の中心的正規鎖をもつべキ零群である．
(2) G は降中心列において $C_r = \{1\}$．
(3) G の昇中心列において $Z_r = G$．

証明 まず，次のことを注意する．

(i) G の降中心列において，$C_r = \{1\}$ となる r があれば，降中心列は中心的正規鎖となる．

(ii) G の昇中心列において，$Z_r = G$ となる r があれば，昇中心列は中心的正規鎖となる．

したがって，$G = K_0 \supset K_1 \supset \cdots \supset K_r = \{1\}$ が長さ r ($K_r = \{1\}$) の中心的正規鎖であれば，$C_r = \{1\}$, $Z_r = G$ となることを示せばよい．より一般に，次が成り立つ．

$$C_i \subset K_i \subset Z_{r-i} \quad (0 \leqq i \leqq r).$$

i に関する帰納法で $C_i \subset K_i$ を示す．$i = 0$ のとき正しい ($C_0 = G = K_0$)．

$$C_i \subset K_i \Longrightarrow C_{i+1} = [G, C_i] \subset [G, K_i] \subset K_{i+1}.$$

次に，$K_{r-j} \subset Z_j$ を示す．$j = 0$ のとき正しい ($K_r = \{1\} = Z_0$)．

$$K_{r-j} \subset Z_j \implies [G, K_{r-j-1}] \subset K_{r-j} \subset Z_j$$
$$\implies K_{r-j-1}Z_j/Z_j \subset Z(G/Z_j) \iff K_{r-j-1} \subset Z_{j+1}. \blacksquare$$

問 2 $G/N, N$ がともにベキ零群でも G がベキ零群とは限らない．例をあげよ．

問 3 補題 3 を証明せよ．

問 4 G の部分群 H に対して，次を示せ．
$$[K, H] \subset H \iff K \subset N(H). \tag{2}$$

問 5 3 次対称群 $G = S_3$ の降中心列と昇中心列を求めよ．

問 6 S_3, A_4, S_4 は可解であるがベキ零ではないことを示せ．

6.3 組成列

定義 6.5 群 G の正規鎖
$$G = H_0 \supset H_1 \supset \cdots \supset H_r = \{1\}, \qquad H_i \triangleleft H_{i-1} \quad (i = 1, 2, \ldots, r) \tag{1}$$
が，各 i に対して，$H_i \neq H_{i-1}$ で，
$$H_{i-1} \supsetneq K \supsetneq H_i, \qquad K \triangleleft H_i \tag{2}$$
をみたす部分群 K が存在しないとき，この正規鎖は**組成列**であるといい，商群列を**組成商群列**または**組成剰余群列**という．

注意 1 (2) をみたす部分群 K が存在しないということは，H_{i-1}/H_i が単純群であることと同値である．したがって，商群列がすべて単純群からなる正規鎖が組成列である．

例題 1

有限群は組成列をもつ．

証明 群の位数に関する帰納法で示す．有限群 G が単純ならば，$G \supset \{1\}$ は組成列．G が単純群でなければ，N を位数最大の真の正規部分群とする．帰納法の仮定より N は組成列 $\{N_i\}$ をもつ．このとき，$G \supsetneq N \supsetneq N_1 \supsetneq \cdots$ は G の組成列である．

例題 2

組成列をもつアーベル群は有限群である．とくに，無限巡回群は組成列をもたない．

証明 アーベル群 G が組成列をもてば,その組成商群は単純アーベル群となる.単純アーベル群は位数素数の有限巡回群に限るから,G 自身有限群でなければならない.

例1 3次対称群 S_3 は組成列 $S_3 \supset A_3 \supset \{1\}$ をもつ.組成商群列は

S_3/A_3: 位数 2 の巡回群,A_3: 位数 3 の巡回群.

例2 位数 6 の巡回群は,2 つの組成列をもち,組成商群列は

位数 2 の巡回群,位数 3 の巡回群

および,

位数 3 の巡回群,位数 2 の巡回群

となる (これら 2 つの組成列を具体的に求めよ).

この例のように,G が 2 つ以上の組成列をもつこともある.しかし,組成商群列は順序を無視すれば同一である.このことは,一般に,組成列とは限らない正規鎖について次の定理から得られる.

> **定理 6.8**(シュライエル (**Schreier**) の細分定理) G の 2 つの正規鎖に対して,それぞれを同じ長さへの適当な細分により,一方の細分の商群列が他方の細分の商群列を並べ替えたものとすることができる.

証明 長さが r, s の 2 つの正規鎖

$$G = H_0 \supset H_1 \supset \cdots \supset H_r = \{1\},$$
$$G = K_0 \supset K_1 \supset \cdots \supset K_s = \{1\}$$

について,6.1 節 例題 1 の (iii) の方法で,$H_i \supset H_{i+1}$ を正規鎖 $\{K_j\}$ により細分する.すなわち,$H_{ij} = H_{i+1}(H_i \cap K_j)$ $(j = 1, 2, \ldots, s)$ とおいて,H_i と H_{i+1} の間に長さ s の部分群列

$$H_i = H_{i0} \supset H_{i1} \supset \cdots \supset H_{is} = H_{i+1}$$

をつくる.これらを繋いで,G の長さ rs の正規鎖 $\{H_{ij}\}$ が得られる.このとき,6.1 節 例題 1 の (iii) より,その商群について,次が成り立つ.

$$H_{ij}/H_{ij+1} \cong (H_i \cap K_j)/(H_i \cap K_{j+1})(H_{i+1} \cap K_j).$$

立場を換えて,同様に $K_{ji} = K_{j+1}(H_i \cap K_j)$ により,$\{K_j\}$ の長さ rs の細分 $\{K_{ji}\}$ をつくれば,

$$K_{ji}/K_{j\,i+1} \cong (H_i \cap K_j)/(H_i \cap K_{j+1})(H_{i+1} \cap K_j).$$

2つの同形の右辺は同じ群であるから,

$$H_{ij}/H_{i\,j+1} \cong K_{ji}/K_{j\,i+1}. \tag{3}$$

2つの正規鎖 $\{H_{ij}\}$, $\{K_{ji}\}$ の商群列は,全体として同形なものからなる.■

注意 2 細分定理において,細分で得られる正規鎖 $\{H'_l\}$ に同じ部分群のくり返し $H'_l = H'_{l+1}$ が現れれば,これは商群では $H'_l/H'_{l+1} = \{1\}$ を意味するから,他方の正規鎖の細分にも同数のくり返しが現れることに注意.

注意 3 同形 (3) すなわち,

$$H_{i+1}(H_i \cap K_j)/H_{i+1}(H_i \cap K_{j+1}) \cong K_{j+1}(H_i \cap K_j)/K_{j+1}(H_{i+1} \cap K_j)$$

はツァッセンハウス (**Zassenhaus**) の補題とよばれる.

定理 6.9(ジョルダン-ヘルダー (**Jordan-Hölder**))

$$G = H_0 \supset H_1 \supset H_2 \supset \cdots \supset H_r = \{1\}$$
$$G = K_0 \supset K_1 \supset K_2 \supset \cdots \supset K_s = \{1\}$$

を G の2つの組成列とすれば,$r = s$ で,組成商群列

$$H_0/H_1,\ H_1/H_2,\ \cdots,\ H_{r-1}/H_r$$
$$K_0/K_1,\ K_1/K_2,\ \cdots,\ K_{s-1}/K_s \quad (r=s)$$

は適当な順序で互いに同形である.

証明 組成列の細分は同じ部分群のくり返しが起こるだけであることから,シュライエルの細分定理により定理が得られる.■

問 1 3次対称群 S_3 の組成列は例1の組成列だけであることを示せ.

問 2 4次対称群 S_4 の組成列とその商群列を求めよ.また,S_n ($n \geqq 5$) についてはどうか.

問 3 有限群が可解であるための必要十分条件は，組成商群列がすべて位数素数の群からなることである．これを示せ．

演習問題

1 $f: G \longrightarrow G'$ を群の準同形とする．次を示せ．
(i) $\{G'_i\}$ が G' の正規鎖ならば，$\{f^{-1}(G'_i)\}$(に $\{1\}$ を付加したもの) は G の正規鎖となる．
(ii) f が全準同形であるとき，$\{G_i\}$ が G の正規鎖ならば，$\{f(G_i)\}$ は G' の正規鎖となる．

2 $f: G \longrightarrow G'$ を群の準同形とする．次を示せ．
(i) G' がアーベル群ならば，$[G,G] \subset \mathrm{Ker}\, f$．
(ii) G' が可解群ならば，ある自然数 r に対して，$D^r(G) \subset \mathrm{Ker}\, f$．
(iii) G' がベキ零群ならば，G の降中心列 $\{C_i\}$ においてある自然数 r に対して，$C_r \subset \mathrm{Ker}\, f$．
(iv) f が全準同形であるとき，$\{K_i\}$ が G の中心的正規鎖ならば，$\{f(K_i)\}$ は G' の中心的正規鎖となる．

3 2次一般線形群 $GL(2, \boldsymbol{R})$(1.1節 例3) の部分群
$$G = \left\{ \begin{bmatrix} a & b \\ 0 & c \end{bmatrix} \;\middle|\; a, c: 実数, ac = 0 \right\}$$
について，交換子群 $G_1 = [G,G]$, $G_2 = [G_1, G_1]$, $C_2 = [G, G_1]$ を求めよ．これを用いて，G は可解群であるが，ベキ零群ではないことを示せ．

4 $p_1, p_2, \ldots, p_r$ を異なる素数とする．位数 $p_1 p_2 \cdots p_r$ の有限ベキ零群はアーベル群であることを示せ．

5 $N \neq \{1\}$ をベキ零群 G の正規部分群とする．$[G, N] \subsetneq N$ を示せ．

7 例　題

最後に，主として5章までに現れた項目の総合例題として，回転の有限群，順列計算への応用などについて簡単に説明しよう．

7.1 有限回転群

一般に，有限群 G が有限集合 T に作用しているとき，次の定理が成り立つ．

定理 7.1 T を G 集合，その軌道への分解を $T = T_1 \cup \cdots \cup T_m$ として，$t_i \in T_i$, $H_i = H(t_i)$ とする．$\sigma \in G$ の固定元の個数を $\chi(\sigma)$ と書く：
$$\chi(\sigma) = |\{t \in T \mid \sigma t = t\}|.$$
このとき，
$$m \cdot |G| = \sum_{\sigma \in G} \chi(\sigma) \tag{1}$$
$$\sum_{i=1}^{m} |T_i|\,(|H_i| - 1) = \sum_{\substack{\sigma \in G \\ \sigma \neq 1}} \chi(\sigma) \tag{2}$$
が成り立つ．

証明　有限集合 M の元の個数は $|M| = \sum_{x \in M} 1$ と書くことができるから，

$$\sum_{\sigma \in G} \chi(\sigma) = \sum_{\sigma \in G} \sum_{\substack{t \in T \\ \sigma t = t}} 1 = \sum_{t \in T} \sum_{\substack{\sigma \in G \\ \sigma t = t}} 1 = \sum_{t \in T} |H(t)| = \sum_{i=1}^{m} \sum_{t \in T_i} |H(t)|.$$

ここで，定理5.1より，$t \in T_i$ に対して，$|H(t)| = |G|/|T_i| = |H(t_i)|$ は t によらず一定である．ゆえに，

$$\sum_{\sigma \in G} \chi(\sigma) = \sum_{i=1}^{m} |T_i||H(t_i)| \tag{3}$$

$|T_i||H(t_i)| = |G|$ より，(1) が得られる．さらに，$\chi(1) = |T| = \sum_{i=1}^{m} |T_i|$ を (3) から辺々引けば，(2) が得られる．■

空間の 1 点 O のまわりの回転全体の集合は，2 つの回転を続けて行ったものを積と定義して，群をつくる．その部分群で位数有限のものは 5 種類しかない．G 集合の例題としてこれを証明しよう．

σ を O のまわりの回転とする．σ が単位回転 (恒等写像) I でなければ，σ は O を通る直線を軸とする回転である．O を中心とする半径 1 の球面と σ の軸との交点を P,Q とすれば，この球面上で σ により不動の点は P,Q だけである．これを σ の極という．なお，球面上の 3 点を不動にする回転は I だけである．

O のまわりの有限回転群を G とし，G に属する単位以外の回転の極の集合を T とすれば，T は G 集合である．

証明 $\sigma, \tau \in G$ とする．P を σ の極とすれば $\tau(P)$ は $\tau\sigma\tau^{-1} \in G$ の極．■

さて，G 集合 T の軌道への分解を
$$T = T_1 \cup \cdots \cup T_m, \qquad T_i \cap T_j = \emptyset \quad (i \neq j)$$
とする．軌道 T_i の代表元 P_i に対し
$$H_i = H(P_i) = \{\sigma \mid \sigma \in G, \ \sigma(P_i) = P_i\}$$
とすれば，定理 7.1 の (2) より

$$\sum_{i=1}^{m} |T_i|(|H_i| - 1) = \sum_{a \in G, \sigma \neq I} \chi(\sigma) = 2(|G| - 1) \tag{4}$$

である (何となれば，$\sigma \neq I$ に対し $\chi(\sigma) = \sigma$ の極の個数 $= 2$)．

一方，定理 5.1 より $|T_i| \cdot |H_i| = |G|$ であるから (4) の両辺を $|G|$ で割って，

$$\sum_{i=1}^{m} \left(1 - \frac{1}{|H_i|}\right) = 2\left(1 - \frac{1}{|G|}\right). \tag{5}$$

そのとき，$2 \leqq m < 4$ である．

7.1 有限回転群

証明 P_i はある回転 σ の極だから，$I, \sigma \in H(P_i)$, $|H_i| \geqq 2$. したがって，(5) の左辺の各項は $\geqq 1/2$. 一方，(5) の右辺 < 2 だから，$m < 4$. また，$|H_i| \leqq |G|$ より，

$$2\left(1 - \frac{1}{|G|}\right) = \sum_{i=1}^{m}\left(1 - \frac{1}{|H_i|}\right) \leqq \sum_{i=1}^{m}\left(1 - \frac{1}{|G|}\right) = m\left(1 - \frac{1}{|G|}\right).$$

よって，$2 \leqq m$. ∎

$m = 2$ のとき： いまの計算より $|H_1| = |H_2| = |G|$.

$m = 3$ のとき： $|H_1| \leqq |H_2| \leqq |H_3|$ とすれば，$|H_1| = 2$, $|H_2| \leqq 3$ であり，$|H_1| = 2$, $|H_2| = 3$ のとき $|H_3| \leqq 5$ である．

証明 $|H_1| \geqq 3$; $|H_1| = 2$, $|H_2| \geqq 4$; $|H_1| = 2$, $|H_2| = 3$, $|H_3| \geqq 6$ とすれば，いずれの場合も (5) の左辺 $\geqq 2$ となり矛盾. ∎

よって，(5) をみたす整数解 $|H_i|, |G|$ と，そのときの $|T_i|$ は次の通り．参考までに，群 G の構造も証明ぬきでのべる．

	m	$|H_i|$	$|G|$	$|T_i|$	G
(a)	2	$|G|, |G|$	n	1, 1	位数 n の巡回群
(b)	3	$2, 2, |G|/2$	$2n$	$n, n, 2$	2面体群
(c)	3	$2, 3, 3$	12	$6, 4, 4$	4面体群 $\cong A_4$
(d)	3	$2, 3, 4$	24	$12, 8, 6$	8面体群 $\cong S_4$
(e)	3	$2, 3, 5$	60	$30, 20, 12$	20面体群 $\cong A_5$

ここで，(b) の **2面体群** というのは，正 n 角形を空間において中心 O のまわりに回転してそれ自身に移す回転のなす群 G である．これは，正 n 角形が平面 H 上にあるとして，O のまわりの H の $360° \times k/n$ $(k = 0, 1, \ldots, n-1)$ の回転と，正 n 角形の (n 本の) 対称軸のまわりの $180°$ の回転，計 $2n$ 個の回転からなる群である．ただし，$n = 2$ に対しては，H 上の線分 PQ を正 2 角形とみなし，H を H 自身に移す回転のみを考える．

たとえば，$n = 6$ のとき，

第 7 章 例　題

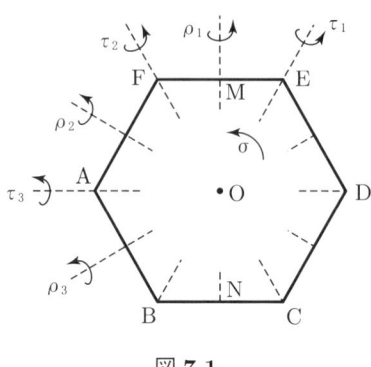

図 7.1

そのような回転は (図 7.1 において)

$$\sigma = \text{O のまわりの } 60° \text{ の回転}, \sigma^2, \sigma^3, \sigma^4, \sigma^5,$$
$$\tau_1 = \text{直線 BE を軸とする } 180° \text{ の回転}, \tau_2, \tau_3,$$
$$\rho_1 = \text{直線 MN を軸とする } 180° \text{ の回転}, \rho_2, \rho_3,$$
$$I = \text{単位の回転 (恒等写像)}$$

である．$H = \langle \sigma \rangle$ は G の部分群，H による G の類別は

$$G = \langle \sigma \rangle \cup \tau_1 \langle \sigma \rangle, \quad \tau_1 \sigma = \rho_3 = \sigma^{-1} \tau_1$$

である．よって，G の元の積は容易に計算できる．G は非可換，H は正規部分群である．

図 7.1 を半径 1 の球に内接する正 6 角形とすれば，G の元の極は頂点 6 個と頂点を結ぶ大円の弧の中点 6 個，および他に 2 点 P, Q となる．P, Q は O を通りこの正 6 角形の平面に垂直な直線が球面と交わる点である．そのとき，推移類 T_i と H_i は

$$T_1 = \{6\, \text{頂点}\}, \quad T_2 = \{6\, \text{中点}\}, \quad T_3 = \{P, Q\}$$

$$H_1 = \langle \tau_1 \rangle, \quad H_2 = \langle \rho_1 \rangle, \quad H_3 = \langle \sigma \rangle$$

である．

7.2 順列計算への応用

G 集合は群が作用する順列の計算に利用することができる．高校数学の円順列はその1例である．

例題 1

正 n 面体の各面が正 q 角形であるとする．この n 面を n 色で塗る．ただし，1つの面は1色で塗り，異なる面は異なる色で塗るものとする．いま，n 面体の中心 O のまわりの回転を考える．そのとき，どのように回転しても一致しない異なる塗り方は何通りあるか．

解 この正 n 面体の回転群を G とする．回転を考えないときの異なる塗り方は，n 面に n 色であるから，$n!$ 通り．その1つを t とする．G に属する回転 σ を正 n 面体に作用させれば，塗り方 t は (別の) 塗り方 t' に移る．これを $\sigma(t)$ と定義すれば，上の $n!$ 個の塗り方の集合 T は G 集合になる．

2つの塗り方 $t, u \in T$ が G に属する回転 σ により一致するというのは

$$u = \sigma(t)$$

のことで，それが G 集合 T を軌道 T_i ($i = 1, \ldots, m$) に類別したときに t と u が同じ推移類に属することである．よって，G に属する回転を行っても一致しない異なる塗り方の個数は軌道 T_i の個数 m に等しい．

塗り方 t は n 面を n 色で塗っているから，面が1つでも動けば t と異なる $t' \in T$ になる．n 面がすべて動かないのは I だけであるから，固定部分群は

$$H(t) = \{I\}.$$

よって，定理 5.1, 5.2 より

$$|G| = |T_i| \cdot |H(t)| = |T_i|.$$
$$\therefore \quad |T| = |T_1| + \cdots + |T_m| = m|T_i| = m|G|.$$

一方，2.2 節 例題 1 より $|G| = nq$．したがって，求める塗り方の個数は

$$m = |T|/|G| = n!/nq = (n-1)!/q.$$

注意 1 n 色の球を円周の n 等分の点におき，円の中心のまわりに回転しても一致しない異なる並べ方の個数が円順列であった．これは，中心 O のまわ

りの $360°/n$ の回転 σ の生成する巡回群 G を考え，回転を考えない並べ方の集合を T として，上と同様の論法で計算したことになる．

例題 2

6角錐を2つ，底面ではり合わせた立体を考える．具体的にいえば：直交座標の入った空間において，座標原点 O を中心とする正6角形 ABCDEF を xy 平面上にとり，6個の頂点と2点 P(0,0,1), Q(0,0,−1) を結んでできる多面体を考える (図7.2)．この多面体の12の面を黒白2色で塗り分ける．ただし，1つの面は1色で塗るものとし，全部の面を1色で塗ってもよいものとする．このような塗り方のうち，Oのまわりに回転しても一致しないような異なる塗り方は何通りあるか．

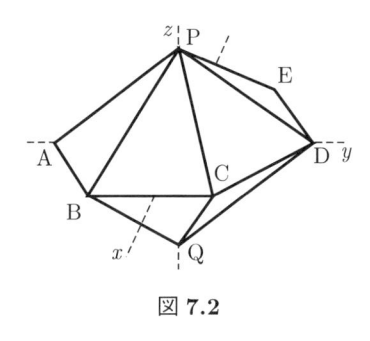

図 7.2

解 この多面体の回転群 G は位数12の2面体群 (前節で説明したもの) である．回転を考えないときの異なる塗り方の集合を T とする．その元数は 2^{12}．例題1と同様に T は G 集合で，求める塗り方の個数は軌道 $T_i (i = 1, \ldots, m)$ の個数 m に等しい．ただ今度は $H(t) = \{I\}$ とは限らないので，例題1の方法では計算できず，定理7.1の (1) を用いる．

G の元は $I, \sigma^i (i = 1, \ldots, 5), \tau_j, \rho_j (j = 1, 2, 3)$ である (図7.1) から，それぞれについて，動かない t の個数 $= \chi(\ )$ を計算する．

$\quad \chi(I) = 2^{12}$

$\quad \chi(\sigma) = \chi(\sigma^5) = 2^2$ （P に集まる6面は同色，Q についても同様）．

$\quad \chi(\sigma^2) = \chi(\sigma^4) = 2^4$ （P に集まる6面は1つおきに同色，Q も同様）．

$\quad \chi(\sigma^3) = 2^6$ （P に集まる6面は2つおきに同色，Q も同様）．

$\quad \chi(\tau_j) = 2^6$ （τ_j により入れ代わる面は2つずつ組になり同色で6組）．

$\chi(\rho_j) = 2^6$ （同上）．

よって，定理 7.1 の (1) より
$$m = \frac{1}{|G|}\sum_{\lambda \in G}\chi(\lambda) = \frac{1}{12}(2^{12} + 2 \cdot 2^2 + 2 \cdot 2^4 + 7 \cdot 2^6) = 382.$$

注意 2 上の $\chi(\ )$ の計算は次のように考えてもよい．

$\lambda \in G$ に対し，$\langle\lambda\rangle$ をこの多面体の面の集合 R に作用させ，この作用について R を軌道 $R_i(i = 1, \ldots, m(\lambda))$ に分解する．面の塗り方 t が λ により動かない条件は同じ R_i に属する面がすべて同色のことである．よって，そのような塗り方の数は $2^{m(\lambda)} = \chi(\lambda)$ である．

同じ考え方で，正 n 面体の面を 2 色で塗り分けるとき，回転しても一致しない異なる塗り方の数が計算できるが，円順列のときの結果も面白い．

例題 3

黒白の石 n 個を円形に並べる．黒石，白石の個数に制限はなく，全部黒でも，全部白でもよいものとする．この円順列の個数は何通りか．

解 これは平面上の正 n 角形の頂点に黒または白の色をつけることになる．回転群 G は平面上の正 n 角形の回転群で，位数 n の巡回群である．

(i) まず，巡回群の生成元の形とその個数をしらべる．

位数 n の巡回群 $G = \langle\sigma\rangle$ の元 σ^k に対し，$\langle\sigma^k\rangle = \langle\sigma\rangle$ となる必要十分条件は k が n と素なことである．したがって，$k = 1, 2, \ldots, n-1$ のうち n と素なものの個数を $\varphi(n)$ とすれば[*]，

$$\langle\sigma^k\rangle = \langle\sigma\rangle$$

となる G の元の数は $\varphi(n)$ 個である．

同様に，G の元 σ^k に対し，k と n の最大公約数を d とすれば，

$$k = dk_0, \qquad d \text{ は } n \text{ の約数}, \qquad k_0 \text{ は } n/d \text{ と素}$$

このとき，$\langle\sigma^k\rangle$ は位数 n/d の巡回群で，

---

[*]　$n = p^a q^b \cdots r^c$ を n の素因数分解とすれば
$$\varphi(n) = p^{a-1}q^{b-1}\cdots r^{c-1}(p-1)(q-1)\cdots(r-1).$$
$\varphi(n)$ を**オイラー (Euler) の関数**という．

$$\langle \sigma^l \rangle = \langle \sigma^k \rangle$$

となる元 σ^l の個数は (σ^k も含めて) $\varphi(n/d)$ 個である.

(ii) 平面上の正 n 角形の回転群を $G = \langle \sigma \rangle$ とする. 回転を考えないときの石の配列の集合を T とする. T の元数は 2^n である. 例題 1, 2 と同様に, T は G 集合となり, 求める円順列の個数は T の軌道 T_i ($i = 1, 2, \ldots, m$) の個数 m である.

計算は例題 2 と同じく定理 7.1 の (1) を用いる.

まず, G の元 σ^k に対し, k と n の最大公約数を d とすれば

$$\chi(\sigma^k) = 2^d.$$

何となれば: 注意 2 の方法を用いる. この正 n 角形の頂点の集合 R に $\langle \sigma^k \rangle$ を作用させたときの軌道 R_i はすべて n/d 個の頂点より成る. R の元数は n だから, 軌道の個数 $m(\sigma^k) = d$. よって, $\chi(\sigma^k) = 2^d$.

このような σ^k は, (i) より, $\varphi(n/d)$ 個ある. したがって, 定理 7.1 の (1) より,

$$m = \frac{1}{|G|} \sum_{\tau \in G} \chi(\tau) = \frac{1}{n} \sum_d \varphi\left(\frac{n}{d}\right) 2^d.$$

ここで, d は n の約数全部 (1 と n を含め) を動く.

問 1 例題 2 の多面体の 12 の面を 12 色で塗る塗り方は何通りか.

問 2 正 4 面体の 4 面を黒白 2 色で塗る塗り方は何通りか.

問 3 例題 2 の多面体を 2 つの平面 $z = \pm \frac{1}{2}$ で切れば, 面数 14 の多面体ができる. これを 14 色で塗る塗り方は何通りか.

また, これを黒白 2 色で塗る塗り方は何通りか.

付録 1 写　　像

　写像は数学の多くの分野で扱われ，よく知られていることであるが，用語の多少異なることもあり，また本書の全部を通じて大量に扱っているので，一通り用語の説明をしたい．

　集合 S から集合 T への**写像** φ とは S の各元に T の元を 1 つずつ指定する指定し方のことで，記号 $\varphi : S \longrightarrow T$ で表す．

　S の元 x に指定された T の元を $\varphi(x)$ と書き，記号 $x \longmapsto \varphi(x)$ で表す．$\varphi(x)$ を x の**像**という．

　S を φ の**定義域**，T を φ の**終域**という．

　2 つの写像 φ と ψ とが等しい ($\varphi = \psi$) とは，定義域 S が共通で，任意の $x \in S$ に対し，$\varphi(x) = \psi(x)$ のことである．

　写像 $\varphi : S \longrightarrow T$ において：

　$V \subset S$ に対し，$\varphi(V) = \{y \mid y = \varphi(x),\ x \in V\}$ を V の**像**という．

　$V \subset T$ に対し，$\varphi^{-1}(V) = \{x \mid x \in S,\ \varphi(x) \in V\}$ を V の**原像**または**逆像**という．

　写像 $\varphi : S \longrightarrow T$ が**全射**または**上への写像**であるとは

$$\varphi(S) = T$$

のことである．

　写像 $\varphi : S \longrightarrow T$ が**単射**または **1 対 1 の写像**であるとは

$$\varphi(x) = \varphi(x') \Longrightarrow x = x'$$

のことである．

　写像 $\varphi : S \longrightarrow T$ が**全単射**であるとは φ が全射かつ単射であること．

　例 1　$\boldsymbol{R}$ を実数全体の集合とする．

$$\varphi: \quad \boldsymbol{R} \longrightarrow \boldsymbol{R}, \quad x \longmapsto e^x \qquad \text{単射}$$
$$\psi: \quad \boldsymbol{R} \longrightarrow \boldsymbol{R}, \quad x \longmapsto x^2(x-1) \quad \text{全射}$$
$$\mu: \quad \boldsymbol{R} \longrightarrow \boldsymbol{R}, \quad x \longmapsto x^3 \qquad \text{全単射}$$

例 2 任意の集合 S において,$I_S : S \longrightarrow S, \ x \longmapsto x$ は全単射である.これを S の**恒等写像**という.

写像 $\varphi : S \longrightarrow T, \ \psi : T \longrightarrow U$ に対し

$$\psi \circ \varphi : \quad S \longrightarrow U, \qquad x \longmapsto \psi(\varphi(x))$$

を φ と ψ の**合成写像**という.

定理 1 写像 $\varphi : S \longrightarrow T, \ \psi : T \longrightarrow U, \ \mu : U \longrightarrow V$ に対し

$$\mu \circ (\psi \circ \varphi) = (\mu \circ \psi) \circ \varphi$$

が成り立つ.

証明は本文の定理 1.2 の証明がそのまま通用する.

写像 $\varphi : S \longrightarrow T$ を全単射とする.全射であるから,各 $y \in T$ に対し,$\varphi(x) = y$ となる元 $x \in S$ が存在し,単射であるから,各 y に対しそのような x はただ 1 つ.よって,

$$\psi : \quad T \longrightarrow S, \qquad y \longmapsto x \quad (\varphi(x) = y)$$

は写像である.ψ を φ の**逆写像**といい,φ^{-1} で表す.これも全単射で

$$\varphi^{-1} \circ \varphi = I_S, \qquad \varphi \circ \varphi^{-1} = I_T$$

が成り立つ.

例 3 例 1 の μ の逆写像は $\mu^{-1} : \boldsymbol{R} \longrightarrow \boldsymbol{R}, \ x \longmapsto \sqrt[3]{x}$ である.

例 4 集合 S に対し,直積集合 $S \times S = \{(x,y) \mid x,y \in S\}$ を考える.S 上の **2 項演算** $\circ$ とは

$$\text{写像} \circ : \quad S \times S \longrightarrow S, \qquad (x,y) \longmapsto x \circ y$$

のこととして定義できる.2 項演算を**算法**ともいう.

付録1 写　　像

問1　写像 $\varphi: S \longrightarrow T$, $\psi: T \longrightarrow U$ において，次のことを示せ．
(i)　　φ 全射, ψ 全射 $\Longrightarrow \psi \circ \varphi$ 全射
(ii)　　φ 単射, ψ 単射 $\Longrightarrow \psi \circ \varphi$ 単射

問2　$\boldsymbol{Z}$ を整数全体の集合とし，$\varphi: \boldsymbol{Z} \longrightarrow \boldsymbol{Z}$, $n \longmapsto 3n$ とする．そのとき，写像 $\varphi: \boldsymbol{Z} \longrightarrow \boldsymbol{Z}$ で $\psi \circ \varphi = I_{\boldsymbol{Z}}$ となる ψ は存在するか．

また，写像 $\mu: \boldsymbol{Z} \longrightarrow \boldsymbol{Z}$ で $\varphi \circ \mu = I_{\boldsymbol{Z}}$ となる μ は存在するか．

付録 2 同値関係と類別

これも数学の多くの分野に現れ，よく知られたことであるが，本書においても，何度か重要なところに用いるので一応の説明をしよう．

> **定義 1** 集合 S の元の間の関係 $\sim$ が次の条件をみたすものとする．
> (1) 任意の $a \in S$ に対し，$a \sim a$ （反射法則）
> (2) $a \sim b \Longrightarrow b \sim a$ （対称法則）
> (3) $a \sim b, \ b \sim c \Longrightarrow a \sim c$ （推移法則）
> このとき，$\sim$ を **同値関係** という．

例 1 整数の集合 $\mathbf{Z}$ において，$n \sim m$ を $n - m$ が 2 の倍数であることとすれば，$\sim$ は同値関係である．

例 2 実数の集合 $\mathbf{R}$ において，$x \sim y$ を $x \geqq y$ と定義すれば，(1) と (3) は成り立つが，(2) は成立しない．この $\sim$ は同値関係ではない．

> **定義 2** 集合 S がいくつかの部分集合 S_i に分割されるとき，すなわち，
> $$S = S_1 \cup S_2 \cup \cdots, \qquad S_i \cap S_j = \emptyset \quad (i \neq j)$$
> のとき，この分割を S の **類別**，各 S_i を **類** という．
> 類 S_i からとった 1 つの元 a_i を S_i の **代表元** という．各類から 1 つずつ出した代表元の集合 $\{a_1, a_2, \ldots\}$ を類別の **完全代表系** という．

例 3 整数の集合 $\mathbf{Z}$ を偶数の集合と奇数の集合に分けるのは類別である．$\mathbf{Z}$ を正整数の集合と負整数の集合に分けるのは類別ではない．また，$\mathbf{Z}$ を 0 以上の整数の集合と 0 以下の整数の集合に分けるのも類別ではない．

集合 S に同値関係 $\sim$ が存在するとき，S の各元 a に対し，部分集合

$$C_a = \{x \mid x \in S, \ x \sim a\}$$

付録 2　同値関係と類別

を考える．そのとき，このような部分集合 C_a と C_b について，

$$C_a \cap C_b = \emptyset \quad \text{または} \quad C_a = C_b$$

のいずれかが成り立つ．C_a を a の**同値類**という．

　証明　まず，定義の (1) より，$C_a \neq \emptyset$ である．

　いま，$C_a \cap C_b \neq \emptyset$ とする．$d \in C_a \cap C_b$ とすれば，$d \sim a, d \sim b$．ところで，

$$d \sim a, d \sim b \Longrightarrow a \sim d, d \sim b \Longrightarrow a \sim b \Longrightarrow b \sim a$$

(定義 1 の (2), (3), (2)).

よって，$x \in C_a \Longrightarrow x \sim a \Longrightarrow x \sim a, a \sim b \Longrightarrow x \sim b \Longrightarrow x \in C_b$．ゆえに，$C_a \subset C_b$．同様にして，$C_a \supset C_b$．■

　このとき，S の各元の同値類のうち，異なるものを $C_1, C_2, \ldots$ とすれば

$$S = C_1 \cup C_2 \cup \cdots, \quad C_i \cap C_j = \emptyset \quad (i \neq j)$$

となり S の種別ができる．

　その 1 つの類を C，C の 1 元を a とすれば，$C = C_a$．

　証明　つくり方より C は 1 つの同値類 C_b．$a \in C = C_b$，$a \in C_a$ より $C_a \cap C_b \neq \emptyset$．よって，上の証明より $C_a = C_b = C$．■

　逆に，集合 S の類別

$$S = S_1 \cup S_2 \cup \cdots, \quad S_i \cap S_j = \emptyset \quad (i \neq j)$$

が存在したとする．S の元 a, b に対し，

$$a \sim b \iff \text{ある } S_i \text{ が存在して } a, b \in S_i$$

と定義すれば，$\sim$ は同値関係である．

　証明　定義より (1), (2) は成り立つ．

　$a \sim b$, $b \sim c$ とすれば，$a, b \in S_i$, $b, c \in S_j$ より $S_i \cap S_j \neq \emptyset$．よって $i = j$, $a, c \in S_i = S_j$．ゆえに $a \sim c$．■

　同値関係より類別を定め，その類別より同値関係を定義すればはじめの同値

関係にもどる．

類別より同値関係を定義し，その同値類による類別をつくれば，はじめの類別と一致する．

例 4 例 1 の $\sim$ に対応する $\mathbf{Z}$ の類別は偶数と奇数への類別である．

問 1 次の $\sim$ は同値関係であるか．
(i) S：正の実数の集合，$a \sim b \iff a = b^{-1}$
(ii) S：正の整数の集合，$a \sim b \iff a$ が b の約数

付録 3 環 と 体

演算をもった集合 (代数系) のうちで，よく現れるものに環と体がある．その理論は，それぞれ，代数の大きな分野であるが，群に関連した例題に多少利用するので，定義と簡単な性質を上げておこう．

定義 1 集合 R が次の条件をみたすものとする．
I R は加群である
II (1) R において，乗法で表される 2 項演算が存在し
   (2) 任意の $a, b, c \in R$ に対し，$a(bc) = (ab)c$ が成り立つ．
III 任意の $a, b, c \in R$ に対し，

$$a(b+c) = ab + ac, \qquad (b+c)a = ba + ca \qquad \text{(分配法則)}$$

が成り立つ．
このとき，R を**環**という．

注意 1 $ab = ba$ がつねに成り立つとは限らない．$ab = ba$ がつねに成り立つとき，R を**可換環**という．そのとき III の分配法則は一方だけでよい．

例 1 整数全体の集合 $\mathbb{Z}$ は環である．

例 2 実数を成分とする 2 次の正方行列全体の集合 R は通常の行列の加法と乗法により環となる (1.1 節 例 3, 1.3 節 例 3)．

環 R において，次の計算法則が成り立つ．

(i) $a0 = 0, \quad 0a = 0$.

(ii) $a(-b) = -(ab), \quad (-a)b = -(ab), \quad (-a)(-b) = ab$.

ただし，0 は加法の単位元，$-a$ は a の (加法の) 逆元である．

証明 (i) $0 = 0 + 0$ の両辺に左から a をかけて，分配法則より

$$a0 = a(0+0) = a0 + a0.$$

左辺の $a0$ を右辺に移項して

$$0 = -(a0) + a0 + a0 = a0.$$

よって, $a0 = 0$. $0a = 0$ も同様.

(ii) $(-b) + b = 0$ の両辺に左から a をかけて, 分配法則より

$$\text{左辺} = a((-b) + b) = a(-b) + ab, \qquad \text{右辺} = a0 = 0.$$

よって, ab を移項して $a(-b) = -(ab)$. $(-a)b = -(ab)$ も同様.

したがって, $(-a)(-b) = -(a(-b)) = -(-(ab))$. 加群において, 1つの元の逆元がただ1つであることにより, $-(-(ab)) = ab$. ■

注意 2 この計算法則は通常の数の計算と同じであるが, 環においては

$$a \neq 0,\ b \neq 0 \qquad \text{かつ} \qquad ab = 0$$

のことがある. このとき, a, b を**零因子**という. たとえば, 例2において,

$$a = \begin{bmatrix} 1 & 0 \\ 0 & 0 \end{bmatrix} \neq \begin{bmatrix} 0 & 0 \\ 0 & 0 \end{bmatrix},\ b = \begin{bmatrix} 0 & 0 \\ 1 & 0 \end{bmatrix} \neq \begin{bmatrix} 0 & 0 \\ 0 & 0 \end{bmatrix},$$

$$\begin{bmatrix} 1 & 0 \\ 0 & 0 \end{bmatrix} \begin{bmatrix} 0 & 0 \\ 1 & 0 \end{bmatrix} = \begin{bmatrix} 0 & 0 \\ 0 & 0 \end{bmatrix}$$

環 R において, ある元 e が任意の $a \in R$ に対し

$$ea = ae = a$$

をみたすとき, e を環 R の**単位元**という. 環の単位元は 1 で表すことが多い.

例 3 Z は単位元をもつ環. 偶数全体の集合も環であるが単位元をもたない.

単位元 1 をもつ環 R において, 元 a に対し

$$a'a = aa' = 1$$

をみたす元 a' が R に存在するとき, a' を a の**逆元**といい, a^{-1} で表す.

例 4 例2の行列の環において, 注意2の a, b などは逆元をもたない.

定義 2 元数 2 以上の可換環 F において，0 以外の元の集合 $F^{\times}$ が乗法によって群をなすとき，F を**体**（または**可換体**）という．

例 5 有理数全体の集合 $\boldsymbol{Q}$，実数全体の集合 $\boldsymbol{R}$，複素数全体の集合 $\boldsymbol{C}$ は体である．

例 6 p を素数とし，加群 $\boldsymbol{Z}$ の部分加群 (p) による商加群 $\boldsymbol{Z}/(p)$ に，4.2 節 例題 2 のように乗法を定義すれば，$\boldsymbol{Z}/(p)$ は元数 p の体となる．

問 1 単位元 1 をもつ環 R において，逆元をもつ元全体の集合は乗法により群をなすことを示せ．

将来の展望

本書につづく項目について，簡単に説明する．

これまで演算について群をなすという代数的性質のみを扱ってきたが，数学の諸分野において現れる群は同時に他の性格をもつことが多い．その重要なものの 1 つに位相群 (または連続群) がある．

位相群 G とは，群 G が同時に位相空間で，2 つの写像

$$G \times G \longrightarrow G, \quad (x,y) \longmapsto xy; \qquad G \longrightarrow G, \quad x \longmapsto x^{-1}$$

が連続であるものをいう．群についての諸概念 (部分群，正規部分群，商群，準同形写像，同形写像，直積，交換子群，可解群など) は位相群にも持ちこまれる．4.3 節でのべた有限アーベル群の指標群の理論はある位相 (局所コンパクト) をもつ位相アーベル群に成り立ち，別の形で非可換の場合にも拡張される．さらに，ある種の位相群においては積分の理論も展開される．このように，位相群は理論としても大きなものであるが，連続性の性格をもつために，諸分野への応用も広い．代数的な群論入門に接続するものとして，位相群は 1 つの項目であろう．これについては，たとえば [1] を見て頂きたい．

代数的な方向としては，付録 3 でのべた環と体の線がある．

体は代数方程式に関連して発生した．たとえば，有理係数の多項式 $f(x)$ について，方程式 $f(x) = 0$ の根 α を 1 つだけで扱わずに，有理数と α から，加・減・乗・除でつくりだされる数全部の集合をとれば，1 つの体ができる．このことを一般的な体の元を係数とする多項式 $g(x)$ について考えるには，まず $g(x) = 0$ の根の存在から始まる．これが体の拡大の理論で，たとえば [2] を見て頂きたい．

さらに，上の例で，多項式 $f(x)$ が有理数の範囲で既約であるとき，方程式 $f(x) = 0$ のすべての根 $\alpha_1, \ldots, \alpha_n$ を 1 組にして扱い，その間の置換を考えれば 1 つの置換群 ($f(x)$ のガロア群) ができる．それは 1 つの体 K の自己同形写像の群である．$f(x) = 0$ の根が，係数の加・減・乗・除と $\sqrt[n]{}$ のつみ上げで表されるためには，そのガロア群が可解群であることが必要十分である．これ

がガロア理論の 1 成果で，角の 3 等分の作図不能などの証明にも関連する．これについては，たとえば [2] を見て頂きたい．

本書において，作用域をもつ群や加群は考えなかったが，環 R を作用域にもつ加群 (R 加群) は代数の諸分野において重要である．(左)R 加群とは，環 R と加群 A の組で

(1) 　　任意の $a \in A$ と任意の $r \in R$ に対し，$ra \in A$.

(2) 　　$r(a+b) = ra + rb$, 　　　 $(r \in R,\ a, b \in A)$

(3) 　　$(rs)a = r(sa)$, 　　$(r+s)a = ra + sa$ 　　　 $(r, s \in R,\ a \in A)$

をみたすもののことである．たとえば，ただの加群 A は，整数全体の環 $\mathbf{Z}$ を作用域とする $\mathbf{Z}$ 加群で，体 F 上のベクトル空間は F を作用域とする F 加群である．3.3 節の $\mathrm{Hom}(A, B)$ の話は元来 R 加群についてのもので，環の理論やホモロジー代数につづく．これらについては，たとえば [3] を見て頂きたい．

群の理論において，本書につづく項目としては，群の線形表現論，p 群*やベキ零群*などの有限群の理論，置換群の諸性質，自由群や自由アーベル群*などがある．また，本書では記述を短くするために，いくつかの項目を省略した．7.1 節で分類した有限回転群が現実に多面体群であること，多面体群が 7.1 節の表の置換群に同形であること，有限生成のアーベル群の基本定理*，正規鎖の細分に関するシュライエルの定理*，5 次以上の交代群が単純群であること* などである．これらについては，たとえば [4] を参照されたい．

整数論については，群・環・体・ガロアの理論の複合された代数的整数論があるが，初等整数論でも群は利用される．その主な 1 つにフェルマー (Fermat) の小定理の証明がある．

p を素数，a を p と素な整数とすれば $a^{p-1} \equiv 1 \pmod{p}$.

証明　剰余類環 $\bar{\mathbf{Z}} = \mathbf{Z}/(p)$ は体で，零元 $\bar{0}$ 以外が位数 $p-1$ の乗法群 $\bar{\mathbf{Z}}^*$ をなす．a の代表する剰余類 $\bar{a}$ が $\bar{\mathbf{Z}}^*$ の元であることから，定理 2.7 を用いて，$\bar{a}^{p-1} = \bar{1}$ が成り立ち，剰余類の積の定義より結論がでる．

このほか，平面格子・平面模様・空間格子などの群による分類があり，それ

---

　　* これに関する基本的な事柄は新訂版には追加しました．

は結晶の分類にもつながる．また，7.2 節でも触れたが，組合せの計算にも利用できる．さらに，情報理論においても，誤りの訂正できる符号について，元数 2 の有限体上の長さ n のベクトルのなす加群 (実はベクトル空間) とその部分加群などが現れる．

これらについては，それぞれの分野の文献を見て頂きたい．

本節の文献

[1]　ポントリャーギン：「連続群論」柴岡・杉浦・宮崎訳，岩波書店

[2]　アルティン：「ガロア理論入門」寺田文行訳，東京図書

[3]　原田　学：「環論入門」共立全書

[4]　永尾　汎：「群論の基礎」朝倉書店

問題略解

定義や定理の条件を確かめるだけの問題は方針のみ示した．

1章の問

1.1 問1 (i) 否 (ii) 否 (iii) 否 (iv) 群である

問2 群において，$x = a^{-1} \Longleftrightarrow xa = e$

問3 全射，単射の条件を確かめてみよ．

問4 1例を上げる．(i) $S = \{偶数\}$, $a \circ b = ab$, (ii) $S = \mathbf{Z}$, $a \circ b = ab$

1.2 問1 たとえば，$(1\,2)(1\,3) = (1\,3\,2)$, $(1\,3)(1\,2) = (1\,2\,3)$

問2 頂点の移り方で調べるとよい．$\sigma_B \sigma_A = \sigma_C{}'$, $\tau_L{}^2 = I$, $\tau_L \sigma_A = \sigma_C$, $\tau_L \tau_M = \tau_M \tau_L = \tau_N$

問3 相対する2面の中心を結ぶ直線を軸とする$90°, 180°, 270°$の回転(3組)，対角線を軸とする$120°, 240°$の回転(4組)，相対する2辺の中点を結ぶ直線を軸とする$180°$の回転(6個)，I, 計24個．

1.3 問1 定理1.1aの条件を確かめよ．

1章の演習問題

1 定理1.1の条件を確かめる．この型の写像の積，逆写像，恒等写像もここの型の写像でGに属することに注意．実は，Gが$S(C)$の部分群であることを確かめることになる．

2 上に同じ．

3 任意の$a \in G$に対し，$\varphi: G \longrightarrow G$, $x \longmapsto ax$ と $\varphi: G \longrightarrow G$, $y \longmapsto ya$ が全単射．よって，任意の$a, b \in G$に対し $ax = b$, $ya = b$ の解 $x, y \in G$ が存在．以下，1.1節 例題2．無限集合のときは群とは限らない．例; $\mathbf{Z} - \{0\}$．

4 群とは限らない．1.1節 問1の(ii)が反例．

5 (i) 単位元をe, aの逆元をa^{-1}とすると，$(a^{-1})^{-1} = a$．また，$bc = d$とおくと，$c = b^{-1}d$, 任意の$a, b, c \in G$において，$(ab)c = (ab)(b^{-1}d) = ad = a(bc)$.

(ii) $a \cdot b = (a \circ e) \circ b$ とおけば，新演算$\cdot$においてeが単位元である．また，$b \in G$に対し，$b' = b \circ e$はbの逆元である．そして，$(a \cdot b) \cdot (b' \cdot c) = a \cdot c$ が成り立つ．これを示すのに，与条件よりの結果 $(b \circ e) \circ e = b$, $(c \circ a) \circ e = a \circ c$ が利用できる．

2章の問

2.1 問1　(i) 否　(ii) 否　(iii) 部分群

問2, 3, 4　定理2.1の条件を確かめよ．

問5　十分性：問の条件の成り立つことから，$e \in H$ を示し，定理2.1の2条件の成り立つことを導け．

問6　部分群 H' が A を含めば，$H' \supset H$ となることを示せ．

2.2 問1　C を左剰余類とすれば $\psi(C)$ はちょうど1つの右剰余類となる．よって，$\bar{\psi} : C \longmapsto \psi(C)$ とすれば，$\bar{\psi}$ は G/H より $H\backslash G$ への写像となる．あとは，$\bar{\psi}$ が全単射であることを確かめればよい．

問2　H について，定理2.1の条件を確かめよ．

問3　H の位数 $= 2$．例題1を参照せよ．

問4　H の位数 $= k$．例題1を参照せよ．

問5　$|G| = p$ とする．$a \in G$ とすれば $|\langle a \rangle|$ は p の約数．

2.3 問1, 2, 3　定理2.1, 2.8の条件を確かめよ．

問4　(i)　定理2.1, 2.8の条件を確かめよ．

(ii)　$x \equiv a \pmod{N}$ の定義2.2を用いる．

(iii)　単射性は (ii) より．全射性は $\det : G \longrightarrow \mathbf{R}^*$ が全射より．

2.4 問1　定理2.1aを用いよ．

問2　$C_k = kC_1$

問3　定理2.1aを用いよ．

問4　(i)　定理2.1aを用いよ．　(ii)　$a = a \cdot 1 + b \cdot 0,\ b = a \cdot 0 + b \cdot 1$

(iii)　$a = d_0 a_0,\ b = d_0 b_0$ とおけ．

問5　(i)　定理2.1aを用いよ．$a, b \in A_0$ とすれば $na = 0,\ mb = 0$．

(ii)　$kC_a = C_0$ より $ka \in A_0$．これから $a \in A_0$ を導け．

2章の演習問題

1　定理2.1, 2.8を確かめる．H_2 部分群 (正規ではない)，H_0, H_1 正規部分群．H_0 による剰余類は α の同じ $\varphi_{\alpha,\beta}$ の集合．C_α とおくとき，$C_\alpha C_\gamma = C_{\alpha\gamma}$．剰余群は，実は $\mathbf{C}^*$ に同形 (3章)．H_1 による剰余類は $|\alpha|$ の同じ $\varphi_{\alpha,\beta}$ の集合．$B_{|\alpha|}$ とおくとき，$B_{|\alpha|} B_{|\gamma|} = B_{|\alpha\gamma|}$．剰余群は正の実数の乗法群 $\mathbf{R}_1^*$ に同形 (3章)．

2　定理2.1, 2.8を確かめよ．

3　(1) $\Longrightarrow$ (2),(3) は明らか．(2) $\Longrightarrow$ (1)：　(2) において，$a = b$ とすると $e \in H$．$b = e$ とすると $a^{-1} \in H$．a の代わりに a^{-1} を用いて，$ab \in H$．(3) $\Longrightarrow$ (1) も同様．

4　G の元は，$b^i n,\ n \in N_1 \subset Z(G),$ の形である．

問 題 略 解   **113**

5 (i) 付録2 定義1の条件を確かめる． (ii) H による右剰余類のいくつかの和集合が HaK．K による左剰余類についても同じ． (iii) HaH に含まれる左剰余類は h_1aH の形．右剰余類は Hah_2 の形．そのとき，$h_1ah_2 \in h_1aH \cap Hah_2$．

6 $H \not\subset K \not\subset H$ としてよい．$h \in H$, $h \notin K$, $k \in K$, $k \notin H$ とすれば $hk \notin H \cup K$．

7 H が G の正規部分群でないとすれば，ある $a \in G$ に対して $aHa^{-1} \neq H$．位数が素数だから，$aHa^{-1} \cap H = \{e\}$．したがって，$h, h' \in H$, $k, k' \in aHa^{-1}$ に対して $hk = h'k'$ とすれば，$h = h'$, $k = k'$．よって，hk の元数 $= q^2 > |G|$．矛盾．

3 章の問

3.1 問 **1** (i) 準同形，$\operatorname{Ker} \varphi = \{\pm 1\}$ (ii) 否 (iii) 同形
(iv) 準同形
問 **2** (i) 定理 2.1 を用いる． (ii) 定理 2.1, 2.8 を用いる．
(iii) 正規部分群とは限らない．
問 **3** (i) 定理 2.1 を用いる． (ii) 定理 2.1, 2.8 を用いる．
問 **4** 次節の準同形定理の特別な場合であるが，直接証明も簡単．
問 **5** 定義 3.1 の条件を確かめるだけ．

3.2 問 **1, 2** 定義 3.1 を確かめ，$\operatorname{Ker} \varphi, \operatorname{Im} \varphi$ を求め，準同形定理を用いる．
問 **3** 例題 2 参照．

3.3 問 **1** (i) 定義 3.1a, 3.2 を確かめる．
(ii) $\varphi(1) = r$ とおけ．そのとき，$\varphi\left(\frac{n}{m}\right) = r \cdot \frac{n}{m}$ を示せ．
問 **2** (i) $\varphi(1) = m$．
(ii) 定義 3.1a, 3.2 を確かめる．
問 **3** $\operatorname{Hom}(\boldsymbol{Z}/(n), \boldsymbol{Z}) = \{\rho_0\} \cong \{0\}$ (0 元だけの加群)
$\operatorname{Hom}(\boldsymbol{Z}, \boldsymbol{Z}/(n)) \cong \boldsymbol{Z}/(n)$
問 **4, 5** $\operatorname{Ker} = \{0\}$ を示せ．

3 章の演習問題

1 n と k が素であるから，$nm + kl = 1$ となる整数 m, l が存在 (2.4 節 問 4)
$a \in \operatorname{Ker} \varphi \Longrightarrow a = a^{nm+kl} = (a^n)^m (a^k)^l = e$

2 定義 3.1 を確かめる．2 章 演習問題 1 の記号で，$\operatorname{Ker} \Phi = H_0$．$\operatorname{Ker} \Psi = H_1$．

3 HN/N を考える．3.2 節 例題 1 より，$|NH/N|$ は $|H|$ の約数．同時に $|G/N| = (G:N)$ の約数．ゆえに 1．

4 (i) 定理 2.1, 2.8 を確かめる．$\tau \in A(G)$ とすれば，$\tau \sigma_a \tau^{-1} = \sigma_{\tau(a)}$．
(ii) 定義 3.1 を確かめる． (iii) 定理 3.3 を利用．

問題略解

5 (i) 位数 4 の群．巡回群の自己同形対応は生成元の移る先できまる．
(ii) G がアーベル群でないとすれば，G の元 a による内部自己同形写像 σ_a は K の自己同形写像を導く．その位数は 15 の約数．一方，$A(K) = 4$．よって，σ_a の導く K の自己同形写像の位数は 1，恒等写像．したがって，$K \subset Z(G)$．G/K の位数は 3．そこで，2 章 演習問題 4 が利用できる．

4 章の問

4.1 問 1, 2 定理 4.3 を確かめる．
問 3 定義 3.2 を確かめる．
問 4 (i) 定義 3.1 を確かめる．(ii) $\mathrm{Ker}\,\pi_1 = H_2$

4.2 問 1 (a,b) の位数が mn．
問 2 定理 4.3 を確かめる．

4.3 問 1 (i) $\tilde{\varphi}\chi_2 : G_1 \longrightarrow T$ 準同形を確かめる．(ii) 定義 3.1 を確かめる．(iii) $\mathrm{Ker}\,\tilde{\varphi} = \{$単位指標$\}$ を示せ．(iv) $\tilde{\varphi}$ が全射でなければ，$\widehat{G}_1/\tilde{\varphi}(\widehat{G}_2)$ より T への準同形写像をとると，$\tilde{\tilde{\varphi}} : \widehat{\widehat{G}}_1 \longrightarrow \widehat{\widehat{G}}_2$ の核に入り，$\tilde{\tilde{\varphi}}$ は単射でない．一方，$\varphi = \Psi^{-1} \circ \tilde{\tilde{\varphi}} \circ \Psi$ より，φ 単射に矛盾．

4.4 問 1 定理 4.3a を確かめる．
問 2 定理 4.2a を確かめる．
問 3 4.3 節 補題 1 の証明に同じ．

4.5 問 1 $A = \langle a_1, \ldots, a_r \rangle$, $n_i a_i = 0$ とすると，A の元は $k_1 a_1 + \cdots + k_r a_r (0 \leq k_i < n_i)$ の形で表されるから，$|A| \leq n_1 \cdots n_r$．
問 2 ねじれのないアーベル群の直積もねじれのないアーベル群である．
問 3 $L/2L \cong \langle a_1 \rangle / \langle 2a_1 \rangle \oplus \cdots \oplus \langle a_r \rangle / \langle 2a_r \rangle$ を用いよ．
問 4 生成元の個数に関する主張を含めて r に関する帰納法による．
問 5 s 個の元で生成されるアーベル群 M について，$|M/2M| \leq 2^s$ となるから，M が自由アーベル群ならばその階数 $\leq s$ である．4.5 節 補題 2 の証明からも得られる．

4 章の演習問題

1 G の元 $a = a_1 a_2$, $a_i \in H_i$, に対し，$a \in Z(G) \iff a_1 \in Z(H_1)$, $a_2 \in Z(H_2)$．

2 $\bar{G} = G/H$ の生成元を $\bar{a}$ とし，H による剰余類 $\bar{a}$ の代表を a, $K = \langle a \rangle$ とするとき，$G = H \times K$, $K \cong G/H$．

3 $\bar{G} = G/H$ において，$\bar{G}_i = G_i H/H$ とおけば，$\bar{G} = \bar{G}_1 \times \bar{G}_2$, $\bar{G}_i \cong G_i/H_i$．(同形定理)

4 G の元 x の G/N_i における剰余類を $\tilde{x}_i$ とするとき，$\varphi : G \longrightarrow \tilde{G}$, $x \longmapsto$

問 題 略 解　　　　　　　　　　　　**115**

$(\tilde{x}_1, \ldots, \tilde{x}_r)$ が単準同形写像.

5　定理 4.3 と準同形定理を利用する.

5 章の問

5.1　問 1　付録 2 定義 1 を確かめる.

問 2　　$x \in$ 核 $\Leftrightarrow xaH = aH\ (a \in G) \Leftrightarrow x \in aHa^{-1}\ (a \in G)$
$$\Leftrightarrow x \in \bigcap_{a \in G} aHa^{-1}.$$

問 3　定理 2.1 を確かめる.

問 4　定理 5.2 の記号のもとで，固定元の軌道については $H_i = G$, $|T_i| = 1$. それ以外では $H_i \neq G$, $|T_i| = (G : H_i)$ で，$(G : H_i)$ は p の倍数.

問 5　N を G の正規部分群，$N \subset H(t)$ とすれば，$N \subset \bigcap aH(t)a^{-1}$. $b \in N$ とすれば，$b(t_i) = t_i\ (t_i \in T)$. よって，$b = I$.

5.2　問 1　$|G| = p^2$ とする．$|Z(G)| > 1$ であるから，$|Z(G)| = p, p^2$ のいずれかである．$|Z(G)| = p^2$ のときは G はアーベル群．$|Z(G)| = p$ のときは，$G/Z(G)$ は位数 p で巡回群で，この場合 2 章 演習問題 4 より，G はアーベル群.

問 2　$G = P$ が p 群ならば，G は補題 1 の条件をすべてみたす.

問 3　P を p シロー部分群とすると，$|P| = p^n$ より，$x \in P \Rightarrow x^{p^n} = 1$. 逆に，$x^{p^n} = 1$ ならば $\langle x \rangle$ は p 群であるから $\langle x \rangle$ は（唯一の）p シロー部分群 P に含まれる.

問 4　(i)　2 章 演習問題 7 で示したが，シローの定理を用いると，p シロー部分群 P の共役部分群の個数 h は pq の約数かつ $kp+1$ の形．これより $h = 1$.

　　　(ii)　同様に，q シロー部分群の共役部分群の個数 h' は pq の約数かつ $kq+1$ の形．$h' = p = kq+1$ または $h' = 1$ となる.

5.3　問 1　左辺の置換は $\sigma(a_i)$ を何に移すかを考えよ．また $\sigma(a_i)$ の形ではない数字は動かさない.

問 2　(i)　2.2 節 問 5 より巡回群，ゆえにアーベル群．位数素数の群は真の部分群をもたないから単純群.

　　　(ii)　アーベル群の部分群は正規部分群であるから，単純アーベル群 G は真の部分群をもたない．$1 \neq a \in G$ とすると $G = \langle a \rangle$，巡回群である．また，無限巡回群は真の部分群をもつから，G は有限アーベル群で，位数素数の部分群をもつから．G 自身位数が素数である.

問 3　$[x, y] = x \cdot yx^{-1}y^{-1} \in NN \subset N$. $[y, x] \in N$ も同様.

問 4　A_4 に属する置換は $(a\ b\ c)$ または $(a\ b)(c\ d)$ の形である．$N(\triangleleft A_4)$ が

長さ3の巡回置換,たとえば$\sigma = (1\ 2\ 3)$を含めば,その共役 (4個ある) を含む.$\sigma^2 = (1\ 3\ 2)$の共役 (4個ある) をも含む (σとσ^2はA_4において共役ではない).Nは長さ3の巡回置換すべて (8個) を含み,$N = A_4$.$(a\ b)(c\ d)$の形の置換はA_4において互いに共役であるから,$N = V$以外の可能性はない.

問5 1の共役1個. $(1\ 2\ 3)$の共役: $(a\ b\ c)$すべて,20個.

$(1\ 2)(3\ 4)$の共役: $(a\ b)(c\ d)$すべて,15個.

$(1\ 2\ 3\ 4\ 5)$の共役: 12個.

$(1\ 2\ 3\ 5\ 4)$の共役:12個.

参考 A_5が単純群であることの別証明: $N(\triangleleft A_5)$はこれら共役類いくつかの和集合で,1を含み,$|N|$が$|A_5| = 60$の約数である.これから$|N| = 1$または60.

5章の演習問題

1 (i) 直接確かめよ.

(ii) (i) より,$\langle \sigma \rangle \triangleleft G, (G : \langle \sigma \rangle) = 2$. σの位数は4,$\sigma\tau = \tau\sigma$.

2 (i) $a \notin H$とすると,$G = H \cup aH = H \cup Ha$ $\quad \therefore \quad aH = Ha$.

(ii) $x^2 = 1 \Leftrightarrow x^{-1} = x$に注意して,$xyx^{-1}y^{-1} = xyxy = (xy)^2 = 1$.

(iii) (ii) よりGは位数4か8の元をもつ.位数8の元をもてばGはアーベル群.xを位数4の元とする.$\langle x \rangle$は指数2の部分群だから,(i) より正規部分群.$yxy^{-1}(= z$とおく$)$も位数4で$z \in \langle x \rangle$より,$z = x$ ($\Rightarrow$ アーベル群) または$z = x^3 (= x^{-1})$.$y^2 \in \langle x \rangle \not\subset \langle y \rangle$より,$y^2 = 1$または$y^2 = x^2$.

3 位数6のアーベル群は巡回群.Gを位数6の非アーベル群とする.2シロー部分群Hは正規部分群ではない.Gの左移動によるG/H上への置換表現の核は,$\bigcap_x xHx^{-1} = \{1\}$.ゆえに,$G$は$G/H$の置換群に同形であるが,$|G/H| = 3, |G| = 6$より,$G \cong S_3$.

4 (i) 定理5.2の系より.

(ii) aPが固定元 $\Leftrightarrow H \subset aPa^{-1}$.

(iii) $H = P$のとき,aPが固定元 $\Leftrightarrow a \in N(P)$.ゆえに,固定元の個数 $= (N(P) : P)$.定理5.2の系より,$(G : N(P))(N(P) : P) = (G : P) \equiv (N(P) : P) \pmod{p}$.$(N(P) : P)$は$p$と素であるから結果が得られる.

5 十分性: $T = G/H$としてよい.$U = K/H$.

必要性: $K = \{a \in G \mid aU = U\}(\supset H)$とおく.推移性より,$K \neq G$.また,$|U| > 1$だから$u, v \in U, u \neq v$に対して,$bu = v$となる$b \in G$をとる (推移性) と,$b \notin H, b \in K$ $\quad \therefore \quad K \neq H$.

問 題 略 解   **117**

6 章の問

6.1 **問 1** (i) (⊃): $h = nk\ (h \in H,\ n \in N,\ k \in K) \Rightarrow n = hk^{-1} \in H \cap K$.
(ii), (iii): 同形定理により，$HN/KN = H(KN)/KN \cong H/H \cap KN$.
$(H \cap L)/(H \cap K) = (H \cap L)/K \cap (H \cap L) \cong K(H \cap L)/K$.
問 2 $M_{i-1}/M_i = (H \cap G_{i-1})N/(H \cap G_i)N$ に補題 1 の (ii) を適用．
問 3 交換子の定義より．
問 4 商群列については各部分群の位数より．

6.2 **問 1** (i): $\{K_i\}$ を G の中心的正規鎖とすると，$\{H \cap K_i\}, \{K_i N/N\}$ はそれぞれ $H, G/N$ の中心的正規鎖となる．
(ii): $G = H \times H'$ で，$\{K_i\}, \{K_i'\}$ を H, H' の中心的正規鎖とする．短いほうには $\{1\}$ を追加して同じ長さの正規鎖にしておく．このとき $\{K_i \times K_i'\}$ は G の中心的正規鎖となる．
問 2 $G = S_3,\ N = A_3$ など．
問 3 (i),(ii): 交換子 $[x, y]$ の性質による．
(iii): $K/N \subset Z(G/N) \Leftrightarrow [G/N, K/N] = \{1\}(= \{N/N\})$ より．
問 4 $k \in K,\ h \in H$ に対して，$[k, h], [k^{-1}, h] \in H \Leftrightarrow khk^{-1}, k^{-1}hk \in H$.
問 5 $C_1 = C_2 = A_3$ ∴ $C_i = A_3\ (i \geqq 3)$.
$Z_1 = \{1\}$ ∴ $Z_i = \{1\}(i \geqq 2)$.
問 6 $Z(S_4) = Z(A_4) = \{1\}$ （確かめよ）より，S_4, A_4 はベキ零でない．降中心列を調べてもよい．

6.3 **問 1** S_3 の真の正規部分群は A_3 のみである．
問 2 6.1 節 例 1 の正規鎖を細分した組成列：$S_4 \supset A_4 \supset V \supset \langle \sigma \rangle \supset \{1\}$．ここで，$\sigma \in V\ (\sigma \neq 1)$．商群列は巡回群からなり，位数は 2, 3, 2, 2 である．なお，S_4 の組成列はこれら（σ の選び方による 3 通り）に限る．
$A_n\ (n \geqq 5)$ が単純群であるから $S_n \supset A_n \supset \{1\}$ は S_n の組成列．商群列は，位数 2 の巡回群，A_n．なお，$S_n\ (n \geqq 5)$ の組成列はこれしかない．
問 3 5.3 節 問 2 より．

6 章の演習問題

1 準同形 $f : G \to G'$ に対して，
(i) $N' \triangleleft G' \Rightarrow f^{-1}(N') \triangleleft G$. (ii) $N \triangleleft G \Rightarrow f(N) \triangleleft f(G)$.
が成り立つ．これを部分群に適用する．
2 (i) $f([x, y]) = [f(x), f(y)]$ を用いる．
(ii) 上の等式より $f(D^i(G)) = D^i(f(G)) \subset D^i(G')$ より．
(iii) $\{f(C_i)\}$ は $f(G)$ の降中心列に等しい．

(iv)　$[G, K_{i-1}] \subset K_i \Rightarrow [f(G), f(K_{i-1})] \subset f(K_i)$ より.

3　G_1 は $\begin{bmatrix} 1 & b \\ 0 & 1 \end{bmatrix}$ の形の行列全体, $G_2 = \{1\}$, $C_2 = G_1 (= C_1)$.

$G_2 = \{1\}$ より G は可解. $C_i = G_1 \neq \{1\}$ $(i \geqq 1)$ よりベキ零ではない.

4　ベキ零群であるからシロー部分群の直積で, ここではシロー部分群は位数素数, したがってアーベル群である.

5　$N \triangleleft G$ だから, 6.2 節 問 4 より $[G, N] \subset N$. $\{K_i\}$ を G の中心的正規列とする. $N \subset \{1\}(= K_r)$, $N \subset K_0 = G$ より, $N \not\subset K_j$, $N \subset K_{j-1}$ となる j がある. もし $[G, N] = N$ ならば, $N = [G, N] \subset [G, K_{j-1}] \subset K_j$, 矛盾.

7 章の問

7.2　問 1　　11!

　　　問 2　　5

　　　問 3　　$14!/12$, $(2^{14} + 2 \cdot 2^4 + 2 \cdot 2^6 + 2^8 + 6 \cdot 2^7)/12$

付録の問

1　問 1　定義を確かめる.

　　問 2　$\psi : \mathbf{Z} \longrightarrow \mathbf{Z}$, $3n \longmapsto n$, $3n \pm 1 \longmapsto 0$. μ は存在しない.

2　問 1　(i) 否　　(ii) 否

3　問 1　定理 1.1 を利用する.

索　引

あ　行

アーベル (Abel) 群　2
　　——の基本定理　66
位数　6, 19
1対1の写像　99
一般曲線群　3
一般線形群　3
上への写像　99
オイラー (Euler) の関数　97

か　行

階数　67
外部直積　52
可解群　81
可換
　　——環　105
　　——群　2
　　——体　107
　　——法則　2
核
　　準同形の——　34
　　置換表現の——　69
加群　12
環　105
完全代表系　102
簡約法則　14
奇置換　9
軌道　70
逆元　1, 106
逆写像　100
逆像　99
共役　72
　　——元　20
　　——部分群　20
　　——類　72
偶置換　9

群　1
結合法則　1
原始的　77
原像　99
交換子　81
　　——群　81
合成写像　100
交代群　20
降中心列　86
恒等写像　100
合同変換群　14
互換　8
固定
　　——元　71
　　——部分群　70

さ　行

最大アーベル剰余群　82
作用　69
算法　100
自己同形
　　——群　35
　　——写像　35
指数　21
次数　69
　　置換表現の——　69
自然 (な) 準同形写像　35
指標　58
　　——群　58
写像　99
自由アーベル群　65
終域　99
自由加群　65
シュライエル (Schreier) の細分定理
　　　　88
巡回
　　——群　19

索引

　　——置換　8
　　——部分群　19
準同形 (写像)　33
準同形定理　38
商加群　29
商群　26
　　——列　79
乗積表　11
昇中心列　86
剰余
　　——加群　29
　　——群列　79
　　——類　21, 24
　　——類環　56
　　——(類) 群　26
ジョルダン-ヘルダー (Jordan-Hölder) の定理　89
シロー (Sylow)
　　——部分群　74
　　——の定理　74
真部分群　15
推移
　　——的　70
　　——法則　102
　　——類　70
正規
　　——化群　32
　　——鎖　79
　　——部分群　25
正 4 面体群　10
生成
　　——系　18
　　——元　19
　　——する　18
正則表現　70
正 20 面体群　11
正 8 面体群　11
積　1
零元　12
全射　99
全準同形　34
全単射　99

像　99
双対定理　60
組成
　　——商群列　87
　　——剰余群列　87
　　——列　87

た　行

体　107
対称群　8
対称法則　102
代表元　102
多面体群　11
単位元　1
　　環の——　106
単射　99
単純群　75
単準同形　34
置換　7
　　——群　7, 69
　　——表現　69
中心　26
　　——化群　32
　　——的正規鎖　83
直積　52
　　——分解　47
直和　61
　　——分解　61
ツァッセンハウス (Zassenhaus) の補題　89
定義域　99
同形　35
　　——写像　35
　　——定理　39, 40
同値
　　——関係　102
　　——類　103
特殊線形群　28

な　行

内部自己同形写像　35
2 項演算　1, 100

索　引

2面体群　93
ねじれ
　——群　65
　——のない群　65
　——部分　65

は　行

反射法則　102
左
　——移動　70
　——逆元　3
　——剰余類　21
　——単位元　3
　——類別　21
符号　9
　置換の——　9
部分
　——加群　29
　——群　15
不変部分群　25
分配法則　105
ベキ零群　83
変換　7
　——群　7

ま　行

右
　——剰余類　24
　——類別　24
無限群　6

や　行

有限群　6
有限生成　64

ら　行

類　102

類等式　73
類別　102

欧　字

Abel 群　2
Euler の関数　97
G 集合　69
Jordan-Hölder の定理　89
p 群　72
Schreier の細分定理　88
Sylow
　——部分群　74
　——の定理　74
Zassenhaus の補題　89

記　号

A_n　20
C　13
C^*　16
$GL(2, \boldsymbol{R})$　3
det　2
Hom　42
Im　37
Ker　34
Q　6
$\boldsymbol{R}$　2
$\boldsymbol{R}^*$　2
$\boldsymbol{R}_1^*$　35
sgn　9
$SL(2, \boldsymbol{R})$　3
S_n　8
T　16
Z　13

著者略歴

国 吉 秀 夫
（くに　よし　ひで　お）

1948 年　東北大学理学部数学科卒業
1960 年　理学博士
1999 年　逝去
　　　　　宮城教育大学名誉教授

改訂者略歴

高 橋 豊 文
（たか　はし　とよ　ふみ）

1967 年　東北大学大学院理学研究科
　　　　　修士課程修了
現　在　東北大学名誉教授　理学博士

サイエンスライブラリ　理工系の数学 = 8

群論入門 [新訂版]

1975 年 3 月 31 日 ⓒ		初 版 発 行
1999 年 9 月 25 日		初版第 15 刷発行
2001 年 5 月 10 日 ⓒ		新訂第 1 刷発行
2022 年 2 月 25 日		新訂第 7 刷発行

著　者　国吉秀夫　　　　　発行者　森平敏孝
改訂者　高橋豊文　　　　　印刷者　篠倉奈緒美
　　　　　　　　　　　　　製本者　小西惠介

発行所　　株式会社　サイエンス社

〒 151-0051　東京都渋谷区千駄ヶ谷 1 丁目 3 番 25 号
営業　☎ (03) 5474-8500 （代）　振替 00170-7-2387
編集　☎ (03) 5474-8600 （代）
FAX　☎ (03) 5474-8900

印刷　(株) ディグ　　　　　製本　ブックアート

《検印省略》

本書の内容を無断で複写複製することは，著作者および
出版者の権利を侵害することがありますので，その場合
にはあらかじめ小社あて許諾をお求め下さい．

ISBN4-7819-0978-7

PRINTED IN JAPAN

サイエンス社のホームページのご案内
http://www.saiensu.co.jp
ご意見・ご要望は
rikei@saiensu.co.jp　まで．